U0181700

动物的非凡事迹

321个你意想不到的故事 下

[比] 玛蒂尔达·马斯特 - 著　[比] 露易丝·帕迪欧斯 - 绘

姜云舒 - 译

北京日报出版社

Original title: 321 superslimme dingen die je moet weten over dieren.
Translated from the Dutch language
www.lannoo.com

北京出版外国图书合同登记号：01-2019-1513

图书在版编目（CIP）数据

动物的非凡事迹：321个你意想不到的故事 /（比）玛蒂尔达·马斯特著；（比）露易丝·帕迪欧斯绘；姜云舒译. -- 北京：北京日报出版社，2021.8
ISBN 978-7-5477-3941-9

Ⅰ. ①动… Ⅱ. ①玛… ②露… ③姜… Ⅲ. ①动物－普及读物 Ⅳ. ① Q95-49

中国版本图书馆 CIP 数据核字（2021）第 062427 号

出版发行：北京日报出版社
地　　址：北京市东城区东单三条 8-16 号东方广场东配楼四层
邮　　编：100005
电　　话：发行部：(010) 65255876
　　　　　总编室：(010) 65252135
印　　刷：三河市双升印务有限公司
经　　销：各地新华书店
版　　次：2021 年 8 月第 1 版
　　　　　2021 年 8 月第 1 次印刷
开　　本：787 毫米 × 1092 毫米　1/32
印　　张：22
字　　数：350 千字
定　　价：108.00 元（全二册）

目录

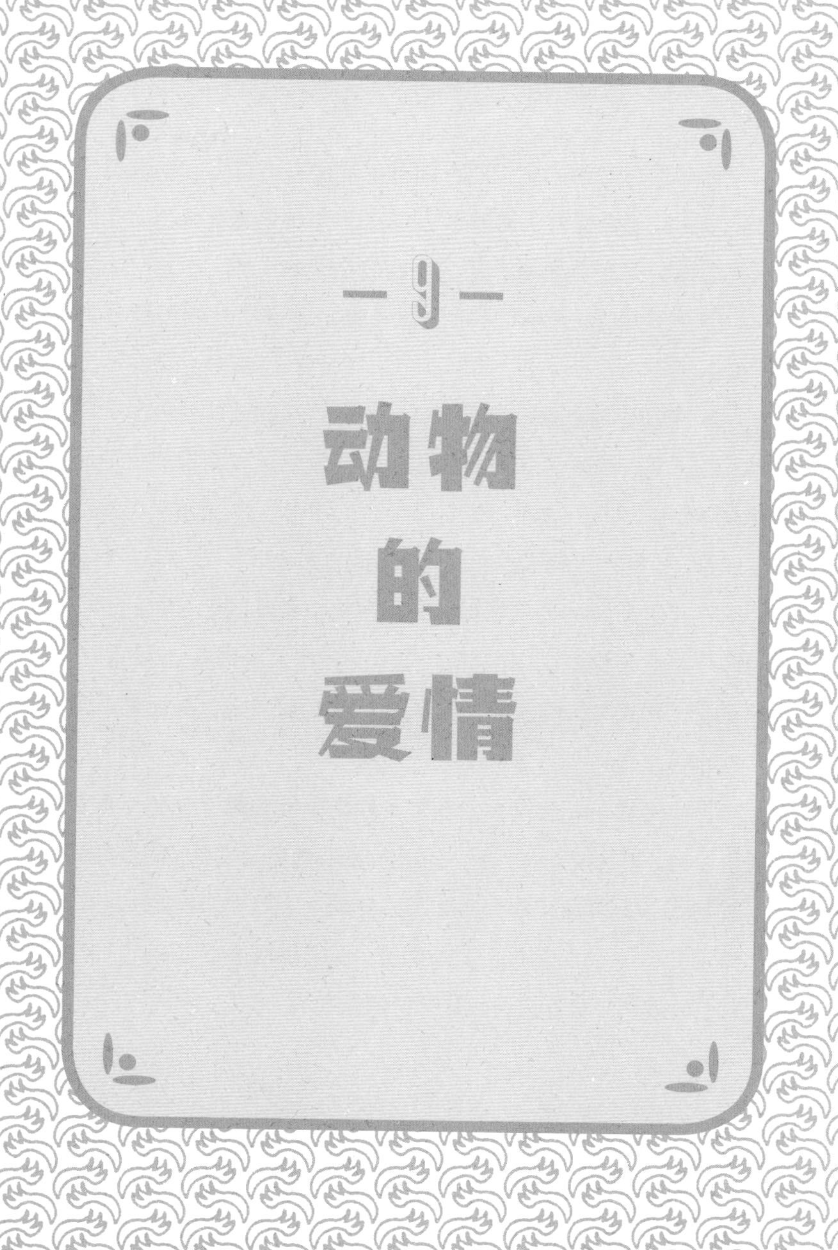

—9—

动物的爱情

158 白头海雕为了爱而翻跟头

你体会过心动的感觉吗？那种感觉是有点奇怪，不过希望你不要因此变得像**白头海雕**那么疯狂。这种鸟儿会终生对配偶保持忠诚，但在交配的季节，它们往往会做出些“出格”的事情。这时的它们会变成真正的冒失鬼，在空中开始最疯狂的表演。

雌雄白头海雕会一起飞向高空，然后抓住彼此的爪子，以惊人的速度一起坠落。此时它们会不断旋转，直到快撞上地面时才会分开。有时这种行为会以致命的撞击告终。白头海雕可能是在以这种方式确认它们和配偶之间有多合适。

除此之外，白头海雕有时还会在空中相互追逐，它们飞行的样子好像在坐过山车一样。其中一只白头海雕在前面飞行，尽可能飞到最高，再以惊人的速度下降。另一只白头海雕则会紧随其后。

白头海雕会一起筑巢，在繁殖期间雄性和雌性会轮流负责孵蛋，当一方在孵蛋时，另一方就负责猎食及寻找更多的筑巢材料。过了一段时间，白头海雕夫妇会减少它们的空中杂技表演，并终于开始交配。雌雄白头海雕会一起养育子女，这时它们就没什么时间用来相互追逐或是疯狂地翻跟头了。

159 鲨鱼独特的鳍足

能请你跳一支舞吗？

鱼类学家或鱼类专家会告诉你**鲨鱼**并没有阴茎，它们只有“鳍足”[1]，那是一种上面有着细沟的器官。两个鳍足分别位于鲨鱼腹部后部的腹鳍内侧。如果鲨鱼只是在游泳，这一对鳍足就会平平地贴在它的下腹上。但如果公鲨鱼遇到了一位诱人的母鲨鱼，它便会表演一支水下舞蹈，给这位女士留下深刻的印象。除此之外，公鲨鱼还会轻咬母鲨鱼的背部和侧鳍。当母鲨鱼向公鲨鱼游过来时，公鲨鱼会咬住母鲨鱼的鳃后方的胸鳍，并弯曲身体使它们的腹鳍尽可能地靠近。

[1] 鳍足，亦称交合突，为板鳃类之雄性交配器官，是由腹鳍内缘演化而来，具有输送精液的沟。交配时，鳍脚插入雌性之输卵管中。

公鲨鱼如果攀附在母鲨鱼的右侧，那么它就会使用自己的左鳍足，把它插入母鲨鱼的泄殖腔孔。鳍足的顶部会如伞状张开，这样在交配时鳍足就不至于滑出。

不同种类的鲨鱼在受孕后有着不同的繁殖方式。例如斑点猫鲨和小点猫鲨会产下一些很大的卵。这些卵被类似于袋子的组织包裹，末端还有一些附着丝，可以把卵固定在海藻或者石头上面，直到幼鲨孵化。

大多数鲨鱼都是“卵胎生”。它们会产下活的幼鲨，在此之前幼鲨会留在母鲨鱼体内，和一个卵黄囊连接在一起。这个卵黄囊里装着幼鲨成长所需的食物，而母鲨鱼的身体只能为它们提供安全的环境——或许不能说安全，因为有时最强壮的幼鲨

鲨鱼卵

oöfagie

在出生前会吃掉其他的兄弟姐妹。这种类型的同类相食被称为oöfagie[2]，它能够确保只有最强壮的幼崽才能出生。

第三种鲨鱼是胎生的。幼鲨会在子宫内生长，并从胎盘获取营养。

鲨鱼会注意新生幼鲨的数量，保证该数量不会超过食物和空间所能供养的上限。它们通过这种方式防止自身迅速灭绝。

---

[2] oöfagie：Adelphagie 来自希腊语：adelphoi =“兄弟”和 phāgein =“食物”。

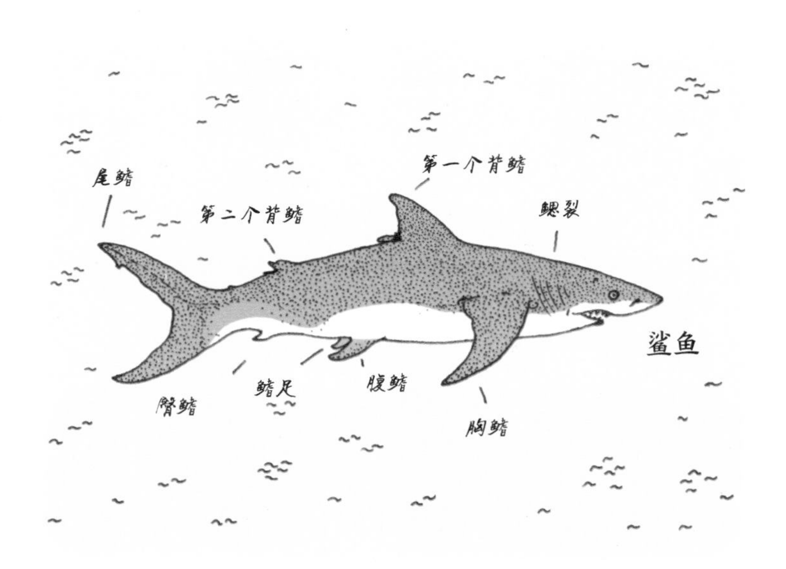
第一个背鳍
尾鳍
第二个背鳍
鳃裂
鲨鱼
腹鳍
鳍足
臀鳍
胸鳍

160 两栖动物独特的交配方式

你可能很难想象，两栖动物其实有着独特而丰富多样的交配方式。

例如，一些雄性**有尾目**生物会冒着生命危险寻找合适的伴侣。它们可以用自己的小短腿爬行 14 千米的距离。对于这么小的动物来说这可是非常遥远的距离，何况它们还冒着在途中被吃掉的风险。

一旦和自己的梦中情人邂逅，它们就会举行一个复杂的交配仪式。例如有些种类的雄**蝾螈**会在雌蝾螈的泄殖腔处嗅探。

泄殖腔是蝾螈大小便和排卵的通道。在雌蝾螈允许的情况下，雄蝾螈会不断转过身抖动尾巴，同时排出引诱剂诱导雌蝾螈跟随自己前进。此后雄蝾螈会排下一个装着精子的“小袋子”，这个东西被称为“精包”。雌蝾螈会通过接触“精包”把精子纳入自己的泄殖腔。

青蛙和**蟾蜍**的交配方式则有所不同。雄蛙会紧紧地抱住雌蛙，等待雌蛙排卵，然后把自己的精子射在卵上。青蛙和蟾蜍在交配期间也会遇到一些麻烦。有时它们被欲望冲昏了头脑，会把一切它们碰到的东西当成雌蛙死死抓住。有时它们会抓住一条鱼，有时甚至可能抓住你的手。如果雄蛙不幸抓住了另外一只雄蛙，被抓的雄蛙就会大声鸣叫表示警告——这种情况并不罕见。此外，雄蛙并不会很快松开雌蛙，所以有时它会意外勒死或溺死自己的伴侣……

161 非洲鸵鸟独特的求爱之舞

在干燥炎热的非洲平原上，你或许可以看到**非洲鸵鸟**在交配季节跳起独特的舞蹈。这是它们的交配仪式，既引人注目又有点滑稽可笑。

首先雄鸵鸟会为争夺雌鸵鸟而开战。此时它们会对敌人进行强力的打击，有的雄鸵鸟甚至会因此丧命。最终，一只雄鸵鸟会收编一组大约 7 只雌鸵鸟的后宫（即一个鸵鸟群）。

雄鸵鸟会驱赶进入自己交配领地的所有入侵者。为了吸引它喜欢的雌鸵鸟，雄鸵鸟会左右交替地奋力拍打翅膀，用自己的喙啄地，并象征性地在沙地上挖巢。如果被雄鸵鸟的行为取悦和吸引，雌鸵鸟便会绕着这位追求者跑来跑去。雄鸵鸟会一边密切关注雌鸵鸟的动作，一边螺旋状转动自己的脖子和头部，直到雌鸵鸟趴在地上准备交配。

与大多数鸟类不同，雄鸵鸟是有阴茎的。雄鸵鸟的阴茎长约 20 厘米，用于使雌鸵鸟受精。

只有领头的雌鸵鸟负责筑巢，然后在巢穴中产下自己的卵。其他雌鸵鸟也都会在这个巢中产卵，有时一个巢穴里会有 60 枚鸵鸟蛋，每枚重约 1.3 千克。雄鸵鸟和领头的雌鸵鸟负责孵化所有鸵鸟蛋，但其他雌鸵鸟能够记住哪个蛋是自己的。

白天雌鸵鸟坐在巢上孵卵，夜间则由雄鸵鸟负责。这可不是无缘无故的。这么做的原因在于棕色的雌鸵鸟在沙地上很不

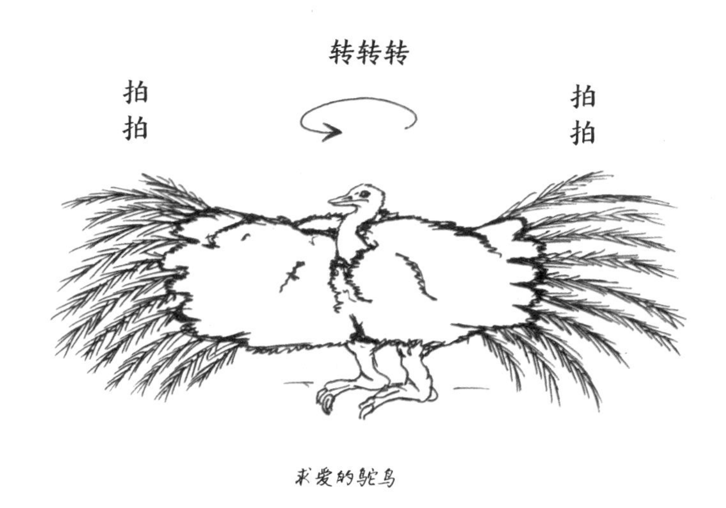

求爱的鸵鸟

显眼，而黑白色的雄鸵鸟在黑暗中几乎像隐形了一般。

大约 45 天后，雏鸟便从卵中孵化出来，它们的大小和普通的小鸡差不多。雄鸵鸟负责保护雏鸟，并教它们觅食。雌鸵鸟则会在此期间辅助雄鸵鸟。如果遭遇袭击，雄鸵鸟会试图引开攻击者的注意力，而雌鸵鸟会带着雏鸟们逃跑。如果激怒了鸵鸟，攻击者最好小心一点——关于这一点，您可以在后面关于鸵鸟故事中读到更多相关信息。

162 豪猪先生会在它爱人身上撒尿

北美豪猪

豪猪是一种“独居动物”，也就是说它们平时独自生活。这对它们来说不成问题。但当它们需要寻找伴侣繁育后代时，这种生活方式当然会带来一些麻烦。

雌豪猪一年的交配时间只有 12 个小时。为了让雄豪猪找到自己，它会分泌出一种闻起来像小便一样的液体。雄豪猪嗅到这种气味就会来到雌豪猪身边，并和其他雄豪猪相互争斗。胜利者会在雌豪猪身上小便，把尿液淋得它浑身都是。雌豪猪会根据尿液的气味决定是否要和这只雄豪猪交配。

豪猪之间的交配十分小心谨慎。毕竟雄豪猪可不希望被雌豪猪背上的三万根长刺里的随便哪一根扎到自己的宝贝部位。

163 乌贼会举行水下迪斯科舞蹈秀

当提起**乌贼**这个词，你是否会想到一只戴着潜水呼吸管、穿着脚蹼的猫[1]？听起来很可爱，但乌贼和你家的小猫咪没有任何关系。事实上，乌贼就是生活在北海[2]的**墨鱼**。他们有十只腕足，第四对腕足演变成了较长的、带有吸盘的触腕。乌贼用这两条触腕捕抓猎物。当乌贼看到美味的虾蟹时，它们会伸出触腕，把猎物粘在自己的吸盘上。接着，乌贼会把美食带到位于触手中心的嘴部，并在放到食道之前用类似于鸟嘴般的喙将猎物切碎。乌贼会把这两条长长的触腕隐藏在其他腕足之间，另外，乌贼体内有一个被称作“乌贼骨”的内壳，有时你能在沙滩上找到这种白色椭圆形的壳。

到了春天，雄乌贼和雌乌贼会游到它们出生的地方（一般在东斯海尔德），并在那里交配。雌乌贼来找一个好地方产卵，雄乌贼则相互争斗。当一对雌雄乌贼坠入爱河，雄乌贼便会开始一场迪斯科舞蹈表演。它的背上会出现漂亮的图案，迅速且不断地改变颜色。雌乌贼会被这舞蹈吸引，便在一旁欣赏起来。最后，雌雄乌贼会温柔地互相拥抱，仿佛在跳舞一般。

这时，雄乌贼会伸出自己的左侧第四腕。这条腕上的吸盘

---

[1] 荷兰语原文为 zeekat，zee= 海，kat= 猫。

[2] 北海：原文为 Noord Zee，意为“北边的海”，指的是大西洋东北部边缘海，与其南方的须德海相对应。

较少，上面还有醒目的图案。这就是雄乌贼的“阴茎”。交配时，雄乌贼会用这条腕插入雌乌贼的外套腔中。除此之外，它还会冲着其他雄乌贼挥动这条腕以驱赶它们，或是向雌乌贼挥动这条腕来表达自己的爱慕之情。

雄乌贼会使200~300个卵受精，然后雌乌贼会把这些卵粘在海藻、锚链或者其他的突起物上。30天左右，小乌贼就会从卵中孵化出来。但不幸的是它们的妈妈没机会再照看它们了，因为在它们出生之前它就因为精疲力竭而死去了。

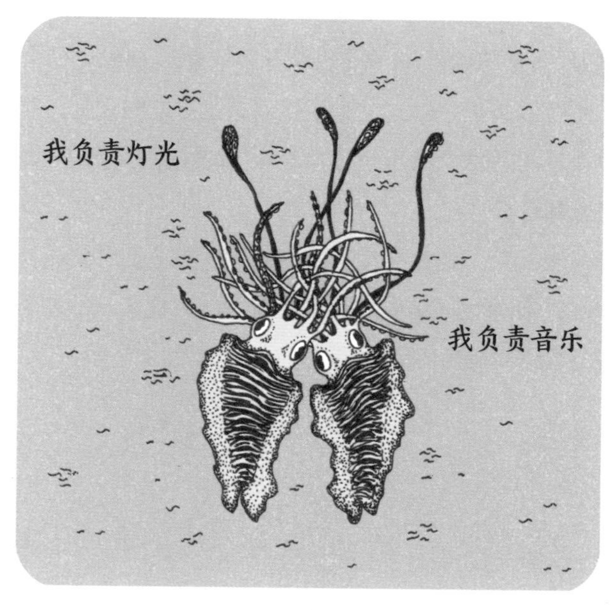

乌贼的迪斯科舞蹈秀

164 “斗舞”的极北蝰

极北蝰喜欢躲在绿色植物之间度过安静的时光。只有两种情况下它才会现身：一是当它想要晒日光浴时，二是当它跳起极北蝰之舞时——那是一种非常独特的舞蹈。

极北蝰的冬眠时间大约持续五到六个月。当天气变冷时，它们会聚在一起，尽可能互相取暖。人们曾在芬兰的一个巢穴中发现了大约八百条一起越冬的极北蝰！

到了二三月份，雄蛇便出来活动了。它们并不会急着填饱肚子，而是等着雌蛇出来并进行交配。当两条雄蛇相遇时，它们会通过一种“舞蹈”来决定谁能获得雌蛇。此时它们会直立起来，相互缠绕在一起。它们会试着超过对方的高度，并尽最大努力把对方一次又一次地推向地面。谁成功做到了这一点，谁就是胜利者。

雌蛇受精后，蛇卵会在其腹中发育，那里是最温暖、最舒适的环境。不幸的是雌蛇在怀孕后就不能进食了，不过，它可以在没有食物的情况下坚持两到三个月。

一起跳舞吧！

极北蝰之舞

165 雄蜘蛛致命的爱情

◎ 雄蜘蛛没有阴茎，因此它们必须采取各种技巧与雌蜘蛛交配。雄蜘蛛在腹部产生精子。当它想要交配时，它会编织一个特殊的“精网”，然后在上面不断摩擦腹部的生殖孔，直到排出精液。它用自己的前肢蘸取精液，然后把它储存在一种特殊的结构——触肢器[1]中。当它遇上想要与之交配的雌性，便会用触肢器把精子送入雌蜘蛛的两个生殖孔中。

◎ 不同种类蜘蛛的触肢器的大小和形状也有所不同。这种区别保证了蜘蛛总能和正确的种类进行交配。

◎ 有些种类的蜘蛛还有其他一些特殊的习性。例如，有的雄蜘蛛交配后会在雌蜘蛛的生殖孔内喷射一种液体。这种液体会固化变硬，这样雌蜘蛛就不能再和其他雄性交配了。雄蜘蛛通过这种办法来保证新生的幼蛛是自己的孩子。

◎ 雄蜘蛛在交配时是冒着很大风险的，因为它们很可能会被雌蜘蛛吃掉。为了保证自己的安全，**雄盗蛛**会在约会时给雌蜘蛛准备小礼物：一个刚刚被杀死的猎物，并用蛛丝包

---

[1] 触肢器，雄蛛的交配器不与雄孔相连，而是在触肢的末端，由跗节特化成暂时贮藏并在交配时传送精子的结构，称触肢器。触肢器最简单的类型是跗节顶端有小窝，小窝上生着生殖球。但大多数蜘蛛的触肢器在演化过程中变得很复杂。

裹好。而雄性**寇蛛**则清楚地知道交配就意味着自己的死亡。在交配过程中，雌蜘蛛会把自己的毒牙刺入雄蜘蛛的身体，并在它射精之后将其吞入腹中，这是成功繁育后代的必备步骤。还有一些雄蜘蛛会在开始交配之前用丝缠住雌蜘蛛，这样雌蜘蛛就不能很快地发起进攻了。雄性**捕鸟蛛**和**长脚蛛**会用自己的前肢抵住雌蜘蛛的毒牙，以防自己在交配结束前被雌蜘蛛杀死。

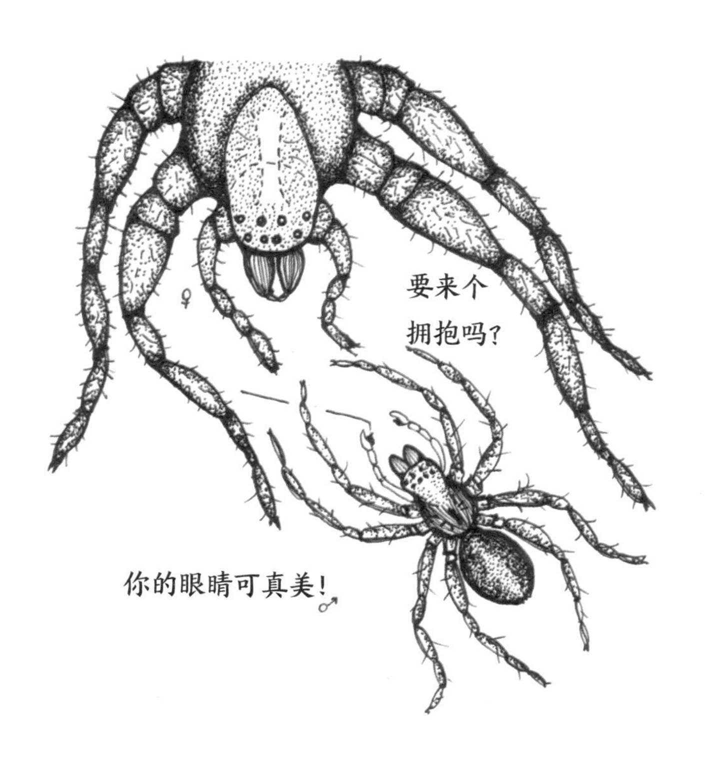

166 冠海豹用红色气球表达爱情

冠海豹是一种哺乳动物，属于海豹科。它们有着灰色的皮毛，上面布满黑色的斑纹。雄性冠海豹的前额和鼻子上有一黑色的皮囊，看起来有点像一顶帽子，并由此得名“冠海豹”。

4~6 月是冠海豹交配的季节。雄性冠海豹会用一种“红色气球”吸引雌性。那当然不是真正的气球，而是一个挂在它左鼻孔上的皮囊袋，看起来就像一个气球。雄性冠海豹会堵住右鼻孔，向这个这个囊袋充气，把它吹起来。它还会来回晃动这个囊袋，发出声响。这种行为不仅可以吸引雌性海豹，还可以驱赶其他雄性海豹。

冠海豹的天敌不多，但它们必须警惕人类，因为人类会捕猎冠海豹的幼崽。幼年冠海豹有着漂亮的蓝色皮毛，这种皮毛深受皮草爱好者的欢迎。虽然捕猎冠海豹是违禁行为，但还是有许多冠海豹死于人类之手。除此之外，北极熊和小头睡鲨[1]也喜欢吃冠海豹，所以冠海豹最好离这些动物远一点。

[1] 小头睡鲨，又名格陵兰鲨、大西洋睡鲨、灰鲨，是一种大型的鲨鱼，生活在格陵兰和冰岛周围的北大西洋海域。小头睡鲨的身长很震撼，因为事实上它们很大，它们的体长可以跟大白鲨媲美。

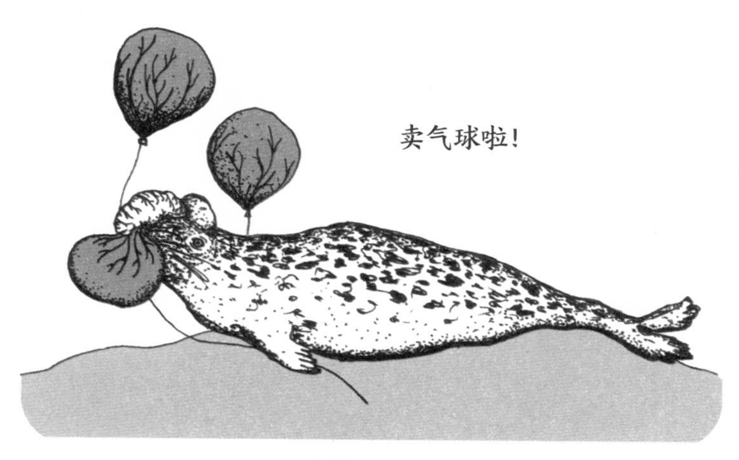

浪漫的冠海豹

167 动物世界中的同性恋

在动物世界中，有超过 1500 种动物存在同性性行为。研究人员认为动物的同性性行为甚至可能是比较频繁的。在羊、狮子、猴子、长颈鹿、海豚、虎鲸、章鱼、蠕虫和各种昆虫中，都有同性恋现象。

就拿**流苏鹬**来说吧。有些雄性流苏鹬看起来接近雌性，它们的行为也和雌性类似，这些雄性流苏鹬总是与雄性交配。

另一个例子是日本猕猴，雌性日本猕猴之间会发生性行为。在交配季节，雄猴不仅要彼此竞争，还要与其他雌猴竞争。

很多动物其实是“双性恋”。也就是说它们既和同性发生性关系，也和异性发生性关系。

雄性流苏鹬喜欢把自己打扮得漂漂亮亮的

不过动物为什么会同性恋呢？

◎ 有的时候原因非常简单。在雄性**果蝇**生命的前 30 分钟，它们会和遇到的每一只果蝇进行交配——无论对方是雌性还是雄性。只有当雄性果蝇熟悉了雌性的气味之后，它才会带着更强的目的性进行交配。在这种情况下，“同性交配”是为了尽快授精。

◎ 一些**信天翁**和同性结为伴侣是因为自己无法独自抚养幼鸟。例如，当雄性信天翁死亡之后，它的妻子可能会和另一只雌性信天翁一起抚养幼鸟。它们会相伴度过余生，但在这期间也会和其他雄性信天翁继续交配。

◎ 研究人员认为**猴子**之间发生同性性关系是因为它们喜欢这样，这使群体内部的关系更加和谐。某些种类的**海豚**也是如此。

很多动物其实是“双性恋”。也就是说它们既和同性发生性关系，也和异性发生性关系。

168 马岛长尾狸猫小姐在树上等待，马岛长尾狸猫先生在树下打架

在马达加斯加人的传说中，**马岛长尾狸猫**会在夜里潜入人类的屋子舔他们。被舔之后，人就会陷入昏迷，并且永远无法清醒过来。还有一些故事说马岛长尾狸猫会从摇篮里偷走婴儿。

这些故事当然不可能是真的，因为马岛长尾狸猫更希望离人类远远的。它们是马达加斯加岛上最大的肉食性哺乳动物，位于食物链的顶端，这意味着它们没有天敌——除了不喜欢这种“大猫”的人类。雄性马岛长尾狸猫体长 75~80 厘米，尾巴长 70~90 厘米，重 6~10 千克。这可比你家的猫咪大多啦！

马岛长尾狸猫在 9 月和 10 月交配。此时一只雌性马岛长尾狸猫舒服地坐在树上，下面围着许多雄性。雄性马岛长尾狸猫竭尽全力大声叫喊、寻衅打架，以吸引雌性的关注。雌性马岛长尾狸猫会和多个雄性在树上进行交配，时间可能长达两个半小时。等到这只雌性马岛长尾狸猫交配够了，就会有另外一只雌性马岛长尾狸猫过来取代她的位置。

三个月后，雌性马岛长尾狸猫会产下 1~6 只幼崽，并将它们藏在地下洞穴或者树洞中。马岛长尾狸猫幼崽的重量只有 100 克，它们没有牙齿，也看不见东西。直到 2 周大时，它们才会睁开眼睛。12 周大时，它们开始吃固体食物。马岛长尾狸猫幼

雄性马岛长尾狸猫互相打斗以吸引雌性的注意

崽在四个半月大时就可以离开洞穴活动了，但在那之后，它们至少还需要母亲照顾半年才能独立生存。

169 豪猪的交配是怎样的？如履薄冰……

豪猪身上可能生长着 3 万根棘刺。通常情况下，这些棘刺平平地贴在豪猪身上，这时的豪猪看起来就像是一只巨大的土拨鼠。但当豪猪发怒或受到威胁时，这些棘刺就会竖起来，使豪猪看起来有平时的两倍大。它的棘刺发出沙沙声响，后脚跺地，嘴里发出“哼哧哼哧”的声音来恐吓敌人。如果这招没成功，豪猪就会继续发起进攻。它会从侧面或倒退式冲向敌人，用自

己的棘刺扎向敌人。豪猪的棘刺一旦扎进皮肤就很难拔除，因为这种棘刺上有小倒钩。虽然棘刺是无毒的，但上面有大量的细菌，因为豪猪会在自己的排泄物中打滚。因此被豪猪刺伤后，伤口可能会感染并导致死亡。曾有传说认为豪猪可以射出自己的棘刺来攻击敌人。

对雄豪猪来说，雌豪猪背部的棘刺无疑是交配时的障碍。因此雌豪猪会伸展棘刺，并尽可能把尾巴抬高。这样雄豪猪就可以在交配时避免伤到自己。

雌豪猪受孕约两个月后，小豪猪就出生了。此时它们的短刺还是柔软的，这样它们就不会在出生时伤到母亲。大约 10 天后棘刺就变硬了，小豪猪便可以和妈妈一起出去活动了。整个豪猪家族都会一起帮忙抚养小豪猪。

170 秃鹫的网上约会

这个景象可真有趣：一只**秃鹫**正在电脑前寻找心仪的对象。当然，这只会发生在动物园里的秃鹫身上。

参与动物园秃鹫育种计划的人们正在为这些鸟儿寻觅佳偶。他们会查询在线血统记录簿，这里登记了关于动物父母和祖先的信息。为了后代的健康着想，秃鹫不应该和血缘太近的对象交配。

不过，电脑认为合适的配对并不一定会在现实生活中坠入爱河。秃鹫喜欢自己选择爱侣，所以饲养员会在约会用的鸟舍中放进五只单身秃鹫，并在一旁静观其变。在幸运的情况下，可能会有两只秃鹫彼此中意对方，并互相点头致意。随后它们在彼此周围停留的时间会越来越长。它们首先会触碰对方的羽毛，如果一切顺利，它们就会一起跳一种舞蹈。约会的时间很长，但最终的交配过程会在几秒钟内完成。两只鸟将它们的泄殖腔相互挤压，一切就结束了。不久雌鸟就会产卵，父母双方会一起照顾幼鸟。

秃鹫那尖利的喙让它看起来有些可怕，但它其实是一种濒临灭绝的动物。动物园育种计划的目标正是让秃鹫可以重新在野外翱翔。

动物王国中的“网恋”

171 穿着蓝色绒面鞋跳舞

你听过埃尔维斯·普雷斯利（即猫王）的《蓝色绒面鞋》（*Blue suede shoes*）吗？他在这首歌里要求你千万别踩他的蓝色绒面鞋。不知道埃尔维斯有没有见过**蓝脚鲣鸟**，这种鸟长着美丽的蓝色的脚。当雄性蓝脚鲣鸟想和一位雌性约会，它便会尽力用自己的舞蹈打动对方。只见它拍打着双翅，把喙伸向天空，并尽可能地把脚高高抬起，以便给雌性留下深刻的印象。雄鸟的脚越蓝，就越受雌鸟的欢迎，因为这种蓝色是健康和力量的象征。

如果雌鸟对雄鸟动了心，它就会模仿对方的动作，此时两只鸟看起来就像是彼此的镜像。

即便是组建家庭之后，蓝脚鲣鸟也会继续一起跳舞。不仅和伴侣一起，也和其他蓝脚鲣鸟一起！当雄鸟在海上捕鱼时，它的妻子就会和邻居家的雄鸟肆意调情。

蓝脚鲣鸟的捕鱼本领十分高超。它们全速飞行时，可以抓住跃出水面的飞鱼。蓝脚鲣鸟可以在距离水面 15 米高的地方看到水下的鱼，然后来一个惊人的俯冲，在快要碰到水面之前把翅膀给收起来。

在科隆群岛上生活着很多蓝脚鲣鸟，那里没有以鸟类为食的哺乳动物。也就是说，在那里它们没有天敌，所以这些鸟胆子很大，你可以轻易接近它们。别忘了穿上你的蓝色绒面鞋，这样你就可以和它们一起跳舞了……

我可以请你跳舞吗？
探戈？
蓝脚鲣鸟
性感的蓝脚

172 雄孔雀的花招

毫无疑问，**孔雀**最特别的地方就是它那美丽的尾巴。这条尾巴上有大约 150 根长长的羽毛。只有雄孔雀才有这种五彩缤纷的美丽尾巴，而雌孔雀的尾巴则是褐色的，显得有些单调。雄孔雀在求偶时会展开尾屏，神气地走来走去，同时用尾巴发出一种特殊的声音。当它轻轻抖动羽毛，会产生一种人们听不见的声音[1]。

雄孔雀可以通过抖动尾羽吸引附近和远处的雌性。与此同时，它还会大声发出一种求偶的鸣叫。有趣的是，雄孔雀并不是只有在准备交配时才这么做，它在其他时段也会如此。这样雌孔雀便误以为它时刻都在准备交配，于是就会在想要交配的时候更快地过来找它。此时雄孔雀一定暗自得意，因为它的小伎俩成功地欺骗了雌孔雀。

每只小孔雀破壳而出时看起来都更像它们的母亲，所以你根本看不出它们的性别。雄孔雀直到6个月大时才开始长出美丽的彩色羽毛，直到大约3岁时才会长出漂亮的大尾巴。

交配季节过后，雄孔雀的尾羽就会脱落。因此，如果想要孔雀羽毛，你并不需要杀死孔雀或者弄疼它们，只要耐心等待就好！顺便一说，你听说过孔雀羽毛能带来好运吗？

---

[1] 据报道，有科学家进行的新的录音显示，孔雀可能用频率低于20赫兹的次声交谈。雄孔雀炫耀美丽的羽毛时是在低沉地说话，只是人类听不到罢了。（人耳能感受到的振动频率范围为20—20000赫兹。）

173 来说说那些建筑大师……

在鸟类王国中，有许多建筑大师。

◎ 先来说说**园丁鸟**吧。雄性园丁鸟可以说是鸟类王国的建筑冠军了。事实上它们的作品简直是一栋豪华别墅！它们筑起的求偶亭高可达 1 米，宽可达 1.5 米。雄鸟还会在亭前布置一个“小花园”，里面摆放着五颜六色的鲜花、新鲜水果块、蘑菇和其他各种装饰品。当然，它这么精心建筑是为了吸引雌鸟，因为雌性园丁鸟对雄鸟的外貌并不太感兴趣，反而更在乎它们的建筑水准。求偶亭越漂亮，雄鸟就越有机会获得雌鸟青睐并得以交配。因为雌鸟明白只有健壮勤奋的雄鸟才能筑起这样漂亮的亭子，而与这样的雄鸟交配就有更大概率生下健康的孩子。

◎ **犀鸟**是一种美丽的热带鸟，它那形状独特的喙通常有着鲜艳的颜色，喙的上方还有一个犀牛角般的突起。犀鸟会选择空心树的树洞，并在里面筑巢。雌犀鸟会爬进树洞，并在筑巢后把洞口堵上。雄犀鸟有时也来帮忙，最后只留下一个可以给雌犀鸟喂食的小洞。这种做法并不是为了防止妻子飞走，而是为了保护雌犀鸟和它们的蛋免受敌人的侵害。之后，雄犀鸟会带着美味的食物不断往返，喂食雌鸟。与此同时，雌犀鸟负责孵卵，它还会利用那个小洞来排便。有些种类的雌犀鸟会等幼鸟孵化之后用喙打破洞口，出去寻找食物。此后它会在孩子们的帮助下再次迅速建起洞口的壁垒。直到孩子们准备好飞出洞穴，这堵壁垒才会被打破。

园丁鸟的建筑艺术

174 巧织雀的“跳高比赛”

想象一下你正在非洲度假。你静静地躺在茂盛的草丛中看书，突然感觉有什么东西在动，只见一只长着长尾巴的黑鸟从草丛中高高跳起。你坐直了一点儿，想看得更清楚些，结果发现不远处也有一只小鸟跳出了草丛。不知不觉间，这一片草丛变成了一个巨大的蹦床，几十只鸟儿都在上面跳跃着。

那只鸟可能是一只雄性**长尾巧织雀**，它正在用自己的跳跃表演吸引雌性的目光。重要的不仅是跳跃的高度，还有坚持的时长。雌性长尾巧织雀坐在树枝上静静地关注着这一切。哪只雄鸟跳得更高、坚持的时间更长，哪只雄鸟便能得到它的垂青，获得与之交配的机会。

雄鸟会在地面的草丛之间用草茎筑巢。它还会用草茎编织遮挡物，放在巢穴上方，把巢隐藏起来。雌鸟会产下 2~4 个蛋，它会独自孵化这些蛋并照顾幼鸟，而雄鸟则负责保卫领土。幼鸟需要大约两年的时间才会拥有所有美丽的羽毛，而后它便可以快乐地参与到蹦床活动中，去追求自己的爱侣了。

为获取关注而举办的跳高比赛

175 欧洲野兔的凶猛斗殴

摇晃拨浪鼓般的疯狂打击

相对于它们的体形和重量，**欧洲野兔**在所有哺乳动物中是打架最凶的。它们在交配季节尤其喜欢斗殴。此时它们会站立起来，用前腿猛烈地攻击对手。

长期以来，科学家们一直以为只有雄兔会为了争抢雌兔而参与斗殴，但事实不只如此。在不打算交配的时候，雌兔打起架来一样十分凶猛，它们会用几记精准的勾拳赶走骚扰自己的雄兔。

所以说，欧洲用“三月的野兔”来形容疯狂并不是没有原因的。经过一系列激烈疯狂的打击，兔子们可能会受到相当严重的伤害。在荷兰，发情的雄性欧洲野兔被称为“拨浪鼓”，雌性则被称为“坚果”。

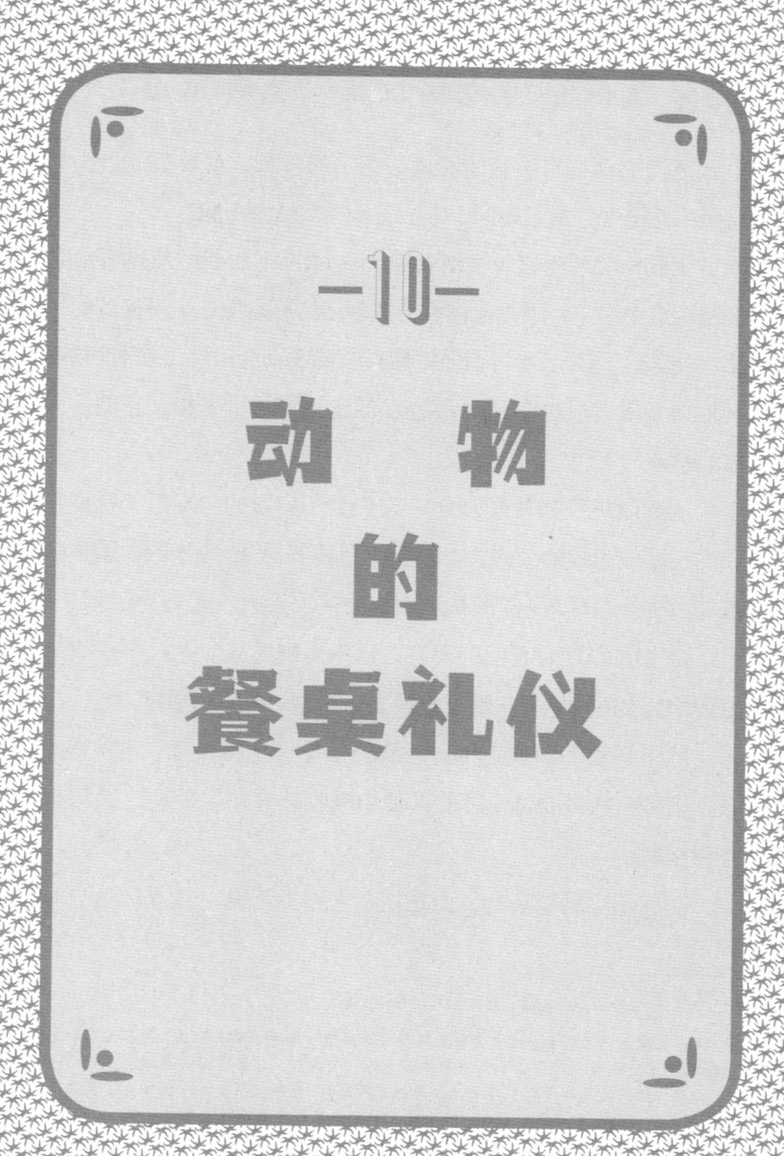

—10—

动物的餐桌礼仪

176 土豚最爱吃蚂蚁和“土豚黄瓜”

是什么动物有着猪的身体、兔子的耳朵、食蚁兽的舌头和袋鼠的尾巴呢？毫无疑问，唯一正确答案就是**土豚**！

土豚（又叫土猪）生活在非洲。17 世纪的荷兰殖民者给它们起了这个名字，因为他们觉得这种动物有点像在土里挖洞的小猪。“土猪”这个名字可谓名副其实。除了荷兰语[1]，这种动物在其他很多语言里也叫这个名字。但土豚根本不是猪，它们是大象的亲戚[2]！

土豚以蚂蚁和白蚁为食。它们会用尖锐的勺形爪子打破坚硬的土壤或白蚁的蚁巢，然后把自己那长达 30 厘米的、满是黏液的舌头伸进蚁穴，把蚂蚁或白蚁黏在舌头上，再美滋滋地吞下去。它们可以闭合自己的鼻孔，以免蚂蚁或灰尘进入——真够方便的！土豚可以在一晚上吃掉多达 6 万只蚂蚁和白蚁。

除了蚂蚁和白蚁之外，土豚还会吃“土豚黄瓜”。神奇的是，这种植物需要从土豚的粪便中吸收养分才能生长。真可谓互利互惠！

土豚不会嚼碎食物，而是把它直接吞下去。这是因为它们

---

[1] 荷兰语 Aardvarken=aard（自然）+ varken（猪）。

[2] 土豚又称土猪或蚁熊，是管齿目土豚科现存的唯一物种，属土豚属，是活化石动物。土豚科曾一度被列为贫齿目（也叫管齿类）的一个成员，该类系谱可追溯到 6000 万年前。后来又被认为起源于踝节目而被归类为有蹄总目，直到近年分子生物学有了新发现，才被列入非洲兽总目下的一个目，与大象、海牛、象鼩等有亲缘关系。

的牙齿不适合咀嚼。所有食物都会直接进入胃部，在那里被强壮的肌肉绞碎并进一步消化。

为了寻找食物，土豚每晚能走 16 千米路。到了白天，它们会再次回到自己的洞穴。有些土豚的洞穴长达 13 米，通常有很多入口。土豚会不时在路上停下挖些新的洞，一方面是为了休息一下，另一方面也是为了躲避敌人。有时它还会驻足吃两口“土豚黄瓜”。

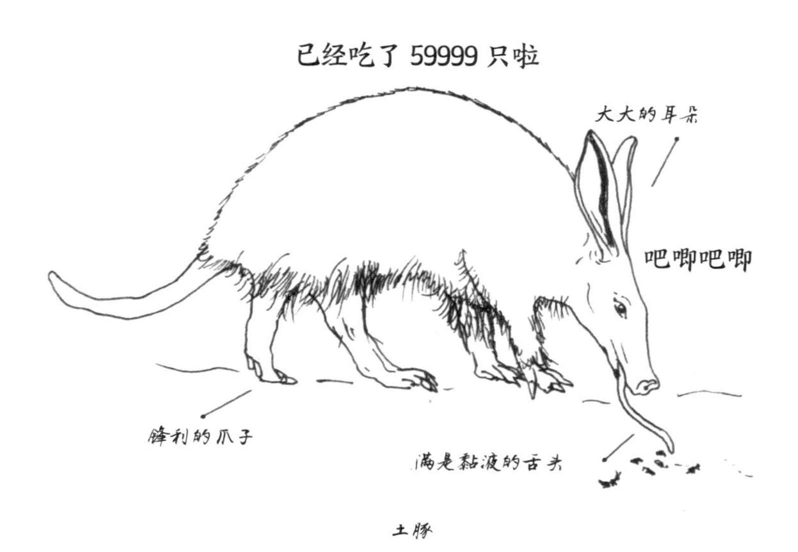

土豚

177 住在马来西亚的维尼熊

在东南亚的森林里，生活着一种喜欢吃蜂蜜的小熊。它叫作**马来熊**，别称**蜂蜜熊**。在当地的语言中，这种熊被称为 biroeang 或 broeang。字面意思是“喜欢坐在高处的家伙”，因为马来熊喜欢在树上筑巢。

马来熊又小又强壮，长着可爱的圆耳朵和短短的鼻子；前胸通常有一块明显的“U”形斑纹，斑纹呈浅棕黄或黄白色。马来熊的毛很短，所以它们在热带的温度下也不会热得难受。不过这些毛也很粗硬，这样才能保护它们不被树枝弄伤。

马来熊会用长长的爪子打破白蚁巢，吃掉里面的白蚁。但最令它们欣喜若狂的还是当它们找到蜂巢的时候。此时马来熊会用爪子把蜂巢掰开，然后用它那有趣的长舌头舔食蜂蜜。马来熊的舌头长 20~25 厘米。有时它们还会将蜂蜜连着蜜蜂一起吞下肚子。它们似乎并不害怕被蜜蜂蜇。

不幸的是，马来熊有时会寻找其他食物，比如，偷走当地农民种植的香蕉或棕榈仁。于是农民们就会杀掉这些可怜的小熊。还有一些猎人为了获得马来熊的皮毛而捕杀它们；有些会杀掉熊妈妈，而把小熊当作宠物出售。这实在是太可怜了，因为这只“维尼熊”自己并不想成为宠物。

啊噢，
快走开！
嗡嗡嗡
马来熊

178 黑猩猩也爱喝酒

西非几内亚的居民很爱喝棕榈酒。为了制作这种酒，他们会把特制的塑料瓶挂在棕榈树的树冠上。甜甜的汁液从树上流入瓶中，便开始自然发酵——这便是天然棕榈酒的生产方法。每天的早晨和傍晚，当地居民都会爬上树将瓶子里的液体取出来。

但他们并不是唯一的棕榈酒爱好者……一群**黑猩猩**也发现了瓶子里的酒，而且它们爱极了这种饮料！黑猩猩们甚至发明了一种获取酒的方法。首先，它们会从森林中收集树叶，再把这些叶子嚼得很碎，这样它们就得到了一种类似海绵的东西。它们会把这种叶子做的“海绵”塞进装着棕榈酒的瓶子里，把酒全部吸干。就这样，黑猩猩每天能喝到大约一升酒。这种酒含有3%~7%的酒精，与啤酒的酒精含量大致相同，所以黑猩猩也会喝醉。有的黑猩猩在喝了棕榈酒后呼呼大睡，有的则会兴奋异常，难以入眠。

黑猩猩是否也会在饮酒狂欢后宿醉呢？这我们可不知道，或许我们应该和它们一起开一次派对！

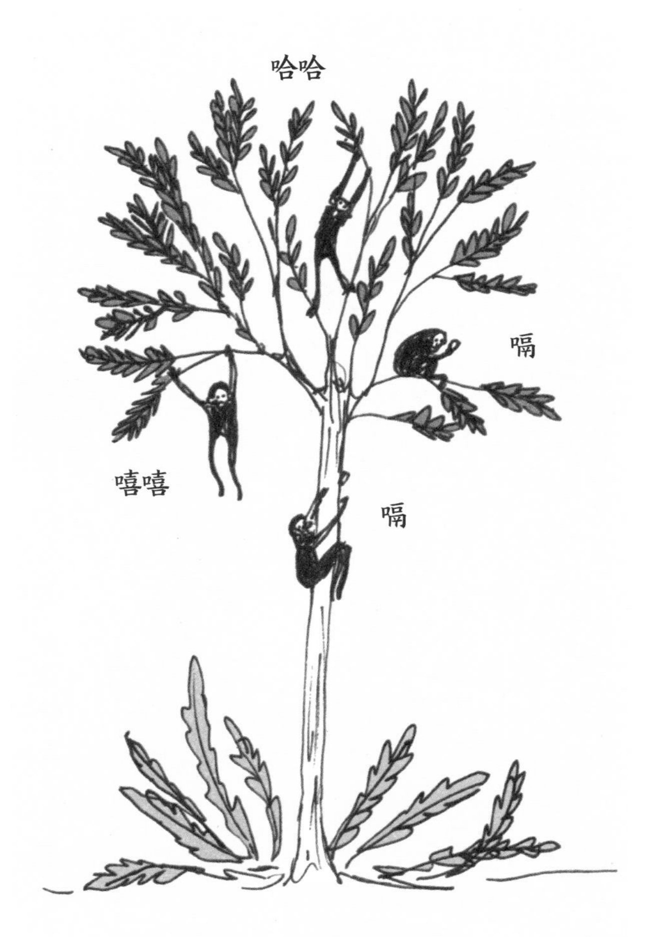

今年真是个好年份!

179 狐狸要是饿坏了，连刺猬也敢吃

狐狸与刺猬

狐狸并不挑食，它们找到什么就吃什么。狐狸的菜谱不仅包括小型啮齿动物，比如鼠类，还包括欧洲野兔、穴兔、鸟类、昆虫、浆果和落在地上的水果。狐狸有时甚至会吃垃圾，或者从鸟巢里偷蛋吃。它会用自己尖锐的犬齿刺穿鸟蛋，然后把蛋液吃光。狐狸每天需要吃 500 克左右的食物。

如果狐狸真的很饿，又找不到其他食物，它甚至敢抓**刺猬**吃。这当然不是一件容易的事，因为刺猬身上的刺可能会狠狠地扎伤狐狸。

看到狐狸接近时，刺猬便会迅速蜷起身体，滚成一个小球并竖起尖刺。但聪明的狐狸自有一套办法。只见它轻轻把刺猬翻了个个儿，让刺猬肚皮朝天，然后对着刺猬撒了泡尿。刺猬非常惊讶，便摊开了身体。狐狸立刻抓住机会，一下把刺猬咬死了。

不过如果狐狸此时没有小便，却又急着想吃刺猬怎么办？不必担心！如果不久之前下过雨且地上有水坑，狐狸就会把刺猬滚到水坑里……此时刺猬便会展开身体，并为这个行为付出生命的代价。这只能怪狐狸太聪明了。

180 埃莉氏隼会囚禁猎物

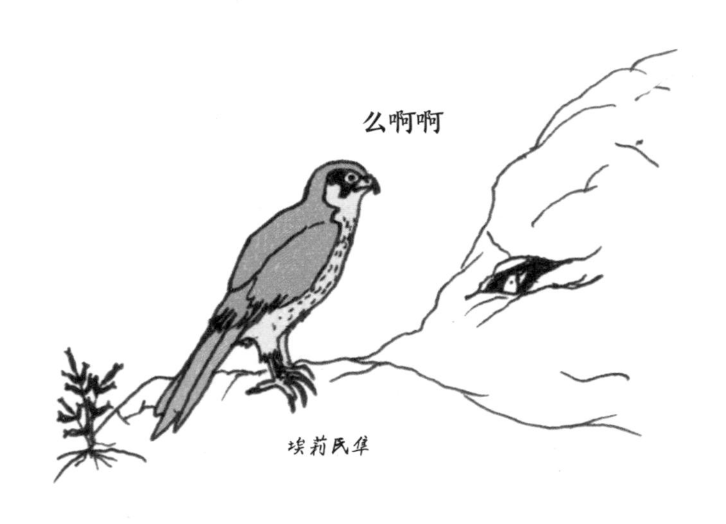

莫加多尔岛是摩洛哥附近的一个岛屿，这里是各种候鸟的热门繁殖地。例如**埃莉氏隼**和其他很多较小的鸟都会来这里繁衍生息。

埃莉氏隼通常以大型昆虫为食，但是它们在繁殖季节也爱吃鲜嫩多汁的小鸟。在产卵的前几天，埃莉氏隼会去打猎。它们会抓住一只小鸟，但不会立即杀死它，而是把它囚禁起来。

它们会把那个小家伙塞进岩石之间的缝隙，这样它就逃不掉了。有些埃莉氏隼甚至会把那只可怜的小鸟的翅膀或尾巴上的羽毛扯掉，确保它们再也无法飞行。

这只小鸟会一直被困在岩石缝隙里[1]，直到埃莉氏隼和它的幼崽感到饥饿时，才会杀死并吃掉它。

这种行为听起来很残忍，但实际上它和人类畜养牛、猪和鸡有些相似。这种行为也体现了埃莉氏隼有多么聪明——它们必须做好计划，提前捕捉小鸟以确保未来有食物可以吃。

---

[1] 研究人员同时也指出，目前观察到的那些被囚禁的小鸟，并不足以证明它们就是埃莉氏隼的储备粮。这些小鸟可能只是从隼嘴下逃出来，在找地方躲藏。

181 猫头鹰能听到美食移动的声音

猫头鹰（鸮）通常在夜间活动。因为要在黑暗中捕猎，所以它们有着高度发达的听觉系统。

许多猫头鹰的两只耳朵位于不同的高度，或者是不对称的。还有的猫头鹰的两只耳朵大小不同。这使得它们可以非常精确地定位那些美味多汁的老鼠。

猫头鹰的头部前方是平的，这样声音可以更好地传到耳部，甚至还会被放大，因此猫头鹰可以听到人类听不到的声音。而且它们的头部可以旋转 270 度，这有助于它们更精准地确定声音的方位。

确定猎物的位置后，猫头鹰能够悄无声息地靠近它。这要感谢它们羽毛上那精巧的羽绒，这些羽绒可以帮助猫头鹰消除声音。所以它们摸起来也非常柔软。

猫头鹰非常爱吃老鼠。一只仓鸮一年就能吃上千只老鼠。因此农民常常想把仓鸮引到自己的农场，以防止老鼠泛滥。猫头鹰会把老鼠整个儿吞下，然后再把老鼠的骨头、皮、牙齿和毛集成小团吐出来。人们可以通过这种食团了解很多关于猫头鹰及其饮食情况的信息。你可以在猫头鹰附近仔细寻找，看看有没有这种食团可以拿来观察一下。

小老鼠去哪了？
小老鼠在那里！
啊哈！
糟糕，
被发现了！

182 对蜣螂说声“谢谢你！”

地球上有 6000 多种**蜣螂**。你可以在除了南极之外的任何地方找到它们的身影。它们对于种子传播和土壤施肥有着非常重要的意义。澳大利亚的农民甚至从国外引进蜣螂，因为它们能在农业上发挥出色的辅助作用。

蜣螂只以草食动物的粪便为食，例如牛、马还有大象的粪便。它们不喜欢食肉动物的粪便。

蜣螂能滚出漂亮、标致的圆粪球，有时，一些大个粪球的重量甚至是蜣螂自身重量的 5 倍。蜣螂制作粪球的速度非常快。只需要短短 15 分钟，它们就可以把一坨沉重的大象粪便清理干净。然后它们会把粪球滚到安全的地方。它们是倒着走路（滚粪球）的，这样它们就能留意天敌，而又不用担心遇到的任何障碍物。它们那特殊的复眼可以感知到我们人类看不到的光线，这使得蜣螂可以沿着直线倒走。

一些蜣螂不想自己滚粪球，便会偷偷从它的同类那里拿走一个。这通常会引发一场艰苦的战斗，两只蜣螂把前腿钩在一起，并试图把对方举起来。强壮的蜣螂可以把另一只蜣螂扔到 1 米以外。

除了滚粪球的蜣螂，还有喜欢住在粪堆里的蜣螂，因为那里有它们生存所需的一切。还有一类蜣螂也会制作粪球，但它们会像足球运动员那样运球，并把粪球藏在深深的地下。

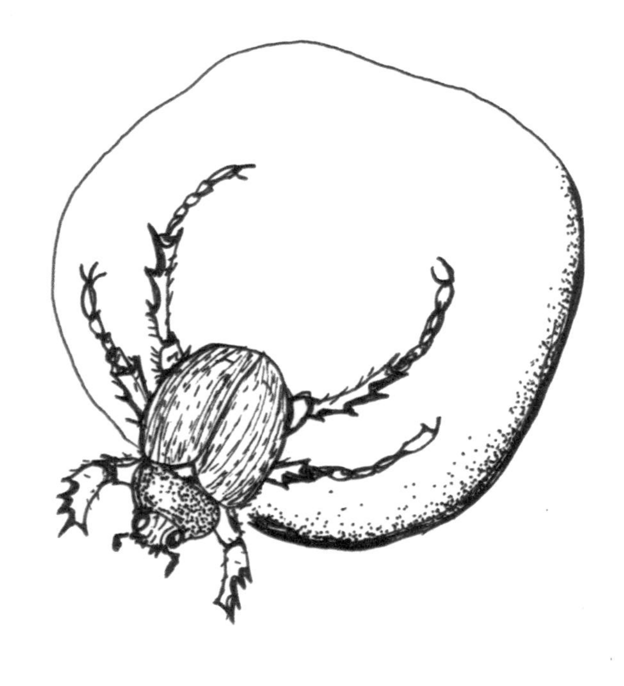

哼哧!

蜣螂

意义重大的滚粪球行动

183 美洲豹吃凯门鳄，不过有时凯门鳄也吃美洲豹

到底是谁吃谁呢？

凯门鳄居住在中、南美洲，它们是相对较小的鳄鱼。成年雄性凯门鳄长约 2 米。而黑凯门鳄是短吻鳄科中体形最大的凶猛鳄鱼。有的成年雄性黑凯门鳄的长度超过 5 米。

凯门鳄的天敌是美洲豹和森蚺[1]。这些动物会捕杀体形较小

[1] 森蚺，是一种体形巨大的无毒蛇，主要栖息于南美洲，为蚺科体形最大的成员，同时也是世界上最大的蛇之一。

的凯门鳄，但它们并不敢碰黑凯门鳄。事实上，如果黑凯门鳄足够强壮，它们有时甚至敢吃美洲豹！

那凯门鳄吃人吗？并不会。大多数凯门鳄都太小了，无法攻击人类。黑凯门鳄的体格倒是足以攻击人类，但它们更喜欢捕捉生活在丛林中的动物，例如水豚。然而人类却会为了获取凯门鳄的皮和肉而捕杀它们，这也是这个物种现在受到保护的原因。有些人甚至会把凯门鳄当作宠物——听起来并不是那种适合晚上在沙发上抱着抚摸的宠物。

捕猎中的美洲豹

184 科摩多巨蜥会同类相食

科摩多巨蜥会猎食年幼的同类，因此幼年科摩多巨蜥会以最快的速度爬到高高的树上藏起来，因为成年科摩多巨蜥是无法攀爬的。小科摩多巨蜥会爬下树饮水进食，再迅速爬回自己高高的避难所。等它们长得足够大，大到不会被吃掉时，才会从树上离开。

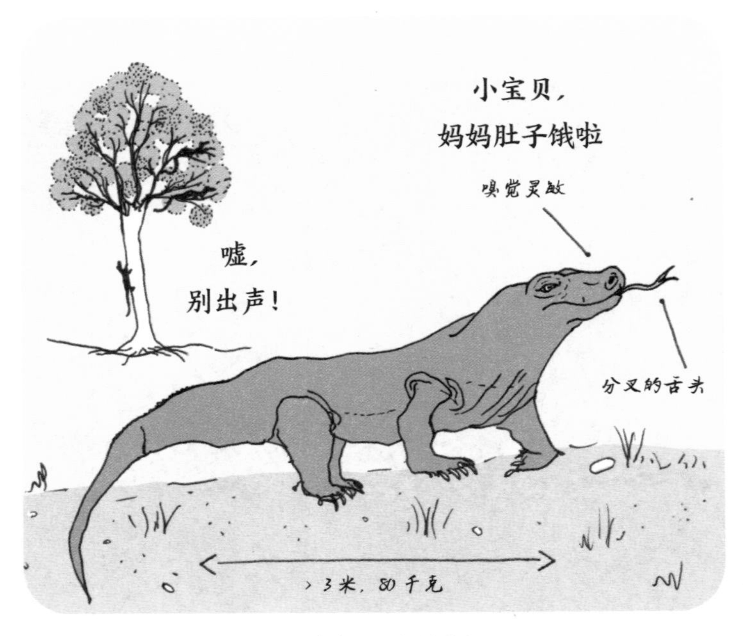

雌性科摩多巨蜥会吃掉孩子

科摩多巨蜥吃昆虫、壁虎、蛇、鸟和猪，但它们也吃比自己大得多的水牛或鹿。受伤的猎物有时能逃掉，但最终还是会死于科摩多巨蜥的咬伤。这些巨蜥口中有 6 个毒腺，能够分泌出麻痹猎物的毒液。这种毒液还含有抑制血液凝结的物质，会使受伤的动物迅速失血过多而死。

科摩多巨蜥也吃腐肉。它们会用自己分叉的舌头追寻空气中的气味颗粒，然后用口腔中一种特殊的器官对这些气味颗粒进行分析。科摩多巨蜥通过这种方式能“闻到”8 千米外死亡腐烂的动物。

科摩多巨蜥是这个世界上最大的蜥蜴。它们的长度可超过 3 米，平均重量为 80 千克。

在印度尼西亚的几个岛屿上，生活着大约 3000 只野生科摩多巨蜥。它们并没有真正意义上的天敌，但它们的生存还是会受到人类、森林火灾和火山爆发的影响。

185 圣十字青蛙总是随身携带午餐盒

圣十字青蛙并不会整天向圣母玛利亚或者上帝祈祷。它的名字来自背上那些黑色的疣状斑纹，这些斑纹的形状看起来像十字架一样。

这种黄色或绿色的青蛙通常在澳大利亚干旱地区的地下生活。为了在天气干燥的季节生存，圣十字蛙会在地下作茧，把自己包裹起来。等到下雨的时候，它就会爬上地面，跳进水坑里繁殖。

圣十字蛙以蚂蚁和白蚁为食。它有时只吃掉一部分食物，然后以一种特殊的方式把剩下的食物储备起来。圣十字蛙的背上有一种黏黏的“胶水”。对于爱吃青蛙的蛇和蜥蜴来说，这或许能够形成一种威慑，但这种黏液还有其他用途：它可以黏住蚂蚁和白蚁，几分钟过后黏液就会凝固。当圣十字蛙蜕皮时，它会像人类脱毛衣那样把自己的皮肤从头上脱下来，然后把上面的所有昆虫连着这层皮一起吃下肚子。

这种随身携带的午餐盒是不是很方便呢?

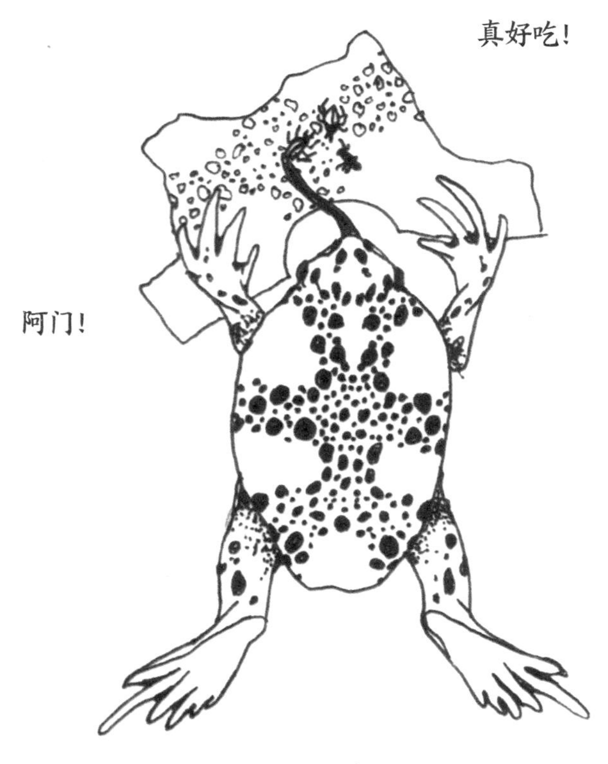

圣十字蛙

186 野双峰驼会尿出“糖浆”

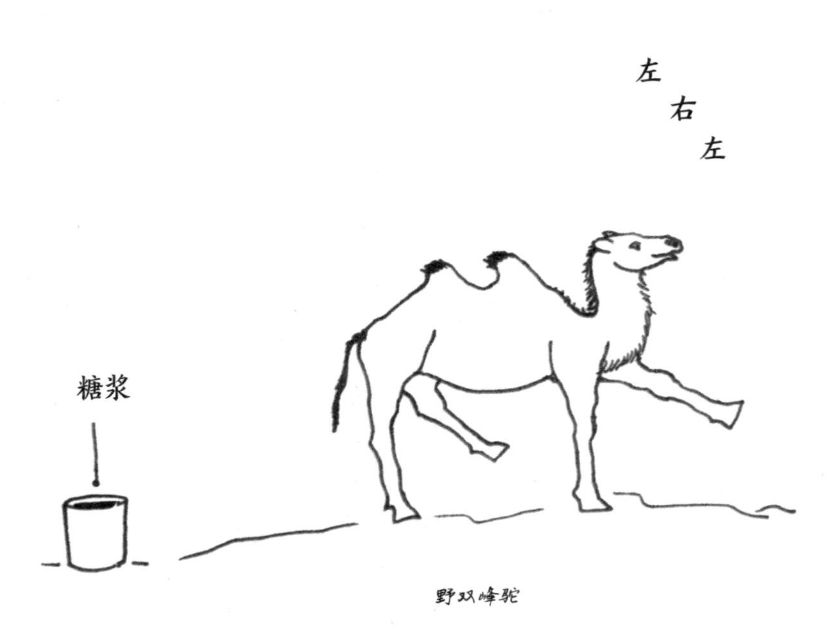

只有在中国和蒙古的干草原、半荒漠以及戈壁荒漠，才能看到**野双峰驼**的身影。它们比人类畜养的骆驼体形小，两个驼峰也明显更小。驼峰是野双峰驼的脂肪储备站，这些脂肪就是它们的“备用电池”。野双峰驼背上的驼峰重达 36 千克。

野双峰驼能够在没有水的情况下生存很长时间。它们几乎不会出汗，它们的尿液是高度浓缩的。当你看到野双峰驼小便时，你可能会以为它排出的是糖浆——现在你能想象它的尿液有多浓了吧?

如果遇到水源，这些骆驼会毫不犹豫地痛饮一番。它们可以在10分钟内饮下100多升水，这相当于一个浴缸的水容量!

就连野双峰驼的鼻子也有助于保持水分，这是因为它们的鼻内有很多极细而曲折的管道，平时管道被液体湿润着，当体内缺水时，管道立即停止分泌液体，并在管道表层形成一层硬膜，用来吸收呼出的水分而不致散失体外。如果有必要的话，野双峰驼甚至可以喝盐水。没有多少哺乳动物可以做到这一点。

187 对吉丁虫来说，火灾就是节日

◎ **吉丁虫**正如它们的名字[1]一样，这种虫子看起来非常漂亮。它们纤细的身体呈梭形，通常有着非常亮丽的色彩，如亮绿色、鲜红色或蓝色，上面可能还点缀着明亮的点状、条状或带状斑纹。它们的身体带着一种金属般的光泽，这使它们看起来像是真正的艺术品。

◎ 怀孕的吉丁虫最喜欢森林火灾了。它们可以在 80 千米以外“闻到”火灾。木头燃烧时会产生烟雾，而吉丁虫的触角可以探测到这些烟雾中的微小颗粒。怀孕的雌性吉丁虫会飞到发生火灾的地方，在烧焦的木头里面产卵。此时捕食者都已经逃离了火灾现场，所以吉丁虫的幼虫非常安全，它们可以在木炭中舒适地生活。

◎ 喜欢树木的人都对吉丁虫没什么好感。雌性吉丁虫不仅在烧焦的木头中产卵，还会在幼树的树干里产卵。幼虫会在树木中穿孔挖洞，并在孔洞里越冬。等到外面的天气变暖，它们又会再次挖洞爬出来。两年之后，幼虫蛹化，变成甲虫飞走。有时幼虫挖的洞能超过一米长。如果树上的吉丁虫幼虫很多，树液就不能顺利流动，树木就可能死掉。

[1] 吉丁虫的荷兰语 prachtkever = pracht（美丽）+ kever（甲虫）。

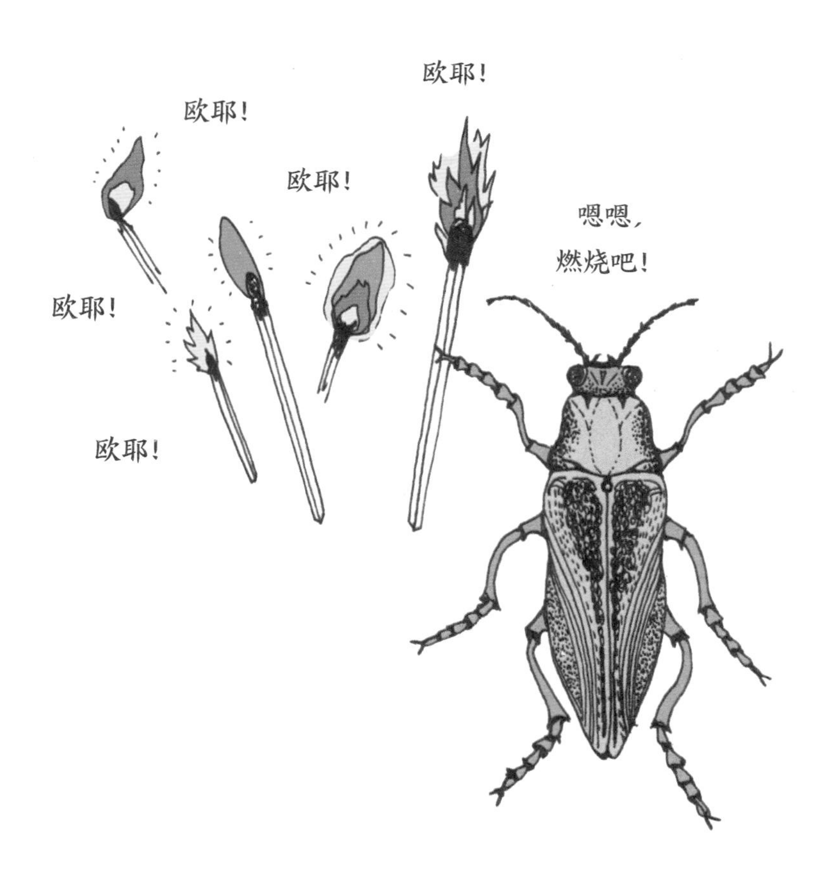
欧耶！
欧耶！
欧耶！
欧耶！
欧耶！
嗯嗯，
燃烧吧！

188 蚂蚁是优秀的农民

收获蚁的工蚁会在寻找食物时收集各种各样的种子，然后把这些种子运到它们的地下粮仓。粮仓里有时能储存多达 30 万粒种子。野蛮收获蚁会特别留意收集来自不同植物的种子，保证这些植物发芽的时间是不同的。

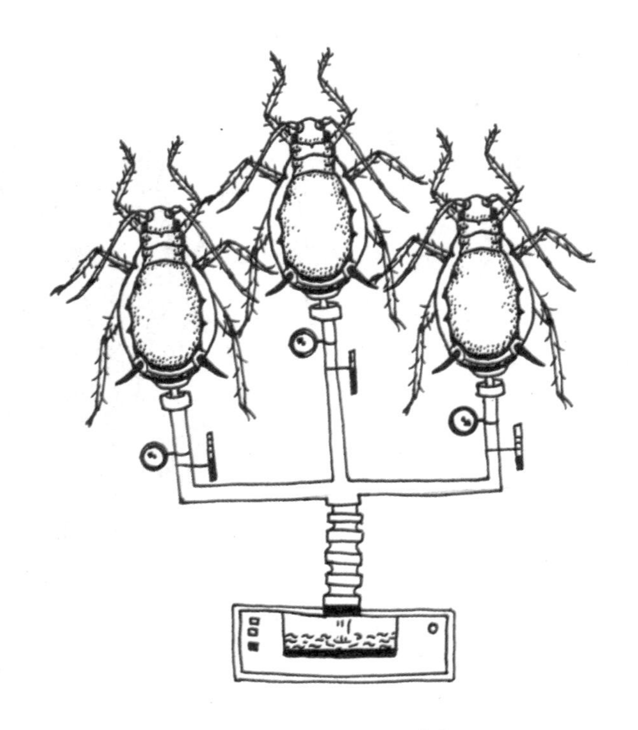

蚂蚁牌牛奶产业的技术发展

收获蚁可以用自己尖锐的颚把那些最小的种子咬碎。但对付较大的种子时，这种方法就行不通了。于是它们会把这些大种子放好，等着种子发芽再享用美味。收获蚁明白较大的种子能提供更多食物，所以值得费劲把它们搬回巢中。除此之外，收获蚁似乎还知道自己应该寻找来自不同植物且在不同时间发芽的种子，这样它们就会一直拥有充足的食物供应。

蚁群甚至还拥有真正意义上的“牛群”用于“挤奶”。这个“牛群”是由蚜虫组成的。蚜虫从植物中吸取的汁液远远超出自己所需，而它们吃不下的汁液就会像一滴甜蜜的露珠似的挂在臀部。如果蚂蚁用触角挠一挠蚜虫，蚜虫就会把这种蜜露排泄出来。蚂蚁十分了解蚜虫对自己的价值，所以它们会照顾好自己的这些“牛”。如果蚜虫的食物快不够吃了，蚂蚁就会把它们移到食物充足的新环境里。到了冬天，蚂蚁还会确保蚜虫生活在温暖干燥的地方。如果周围有瓢虫之类以蚜虫为食的动物，蚂蚁还会保护蚜虫，甚至让蚜虫和自己一起生活。

蚜虫也十分享受蚂蚁的照顾。它们甚至让蚂蚁收养自己的孩子，于是小蚜虫宝宝就会在蚁群中长大。

189 有些食人鱼是素食主义者

说起**食人鱼**，你或许会想到嗜血的强盗。如果你以为它们会在你靠近时毫不犹豫地咬掉你的脚趾，那你可就误会它们了。在现存的 30~60 种食人鱼中，只有很少数几种只吃肉类和鱼。大多数食人鱼什么都吃，也就是杂食动物。还有些食人鱼甚至是素食主义者。

周四是素食日[1]

[1] 素食日（即无肉日）的诉求是希望大众能够在一周间的固定几天避免或不吃肉。而周一和周四是最普遍的选择。

即使那些食肉的食人鱼也不太可能伤害到你。通常情况下，它们只吃其他鱼类以及死亡或生病的动物。食人鱼可以从很远的地方闻到水中一滴血的气味。它们的牙齿像剃刀刀片一样锋利，可以轻松刺穿骨头。一旦惨遭食人鱼群的袭击，猎物根本没有生还的机会。

在亚马孙河水位非常低或者食物过少的河段，食肉的食人鱼可能会攻击人类，但总体来说它们比较害羞，并不愿意靠近人类。

食人鱼的恶名出自 1913 年西奥多·罗斯福访问巴西的时候。当地人想为美国总统准备一场壮观的表演，于是从亚马孙河捕来许多食人鱼，并且连续几天都没有给它们吃东西。当总统来访问时，他们把一头牛放入水中，然后放出了饥饿的食人鱼。这些鱼立刻扑了上去，几分钟内就把这头牛吃得连皮毛都不剩了。回到美国后，罗斯福总统向人讲述了这个故事，之后便流传出很多关于嗜血食人鱼的传说……

190 房间脏了？去请行军蚁群来帮你解决吧！

烈蚁属又称**行军蚁**，这是一种声名狼藉的蚂蚁。它们大多不筑巢，而是组成一支多达 5000 万只蚂蚁的军团移动狩猎，此时的它们看起来就像一条缓慢移动的黑色长路。行军蚁前进时会攻击沿途遇到的各种体形的动物。从理论上讲，它们甚至可以吃人，不过这种情况很少发生。通常情况下，人类都会离这些生物远远的。

那为什么会有人邀请这些好斗的动物来打扫房间呢？因为它们同时也是伟大的清洁工！一些非洲居民对这点深有体会。当行军蚁经过的时候，人类就会跑到几个村庄以外的地方借宿。等行军蚁吃掉了大鼠、田鼠、蟑螂和其他有害动物，它们就会离开村庄继续前进。

喀麦隆的居民受到毛虫、白蚁或其他昆虫的侵扰时，甚至会主动邀请行军蚁来帮

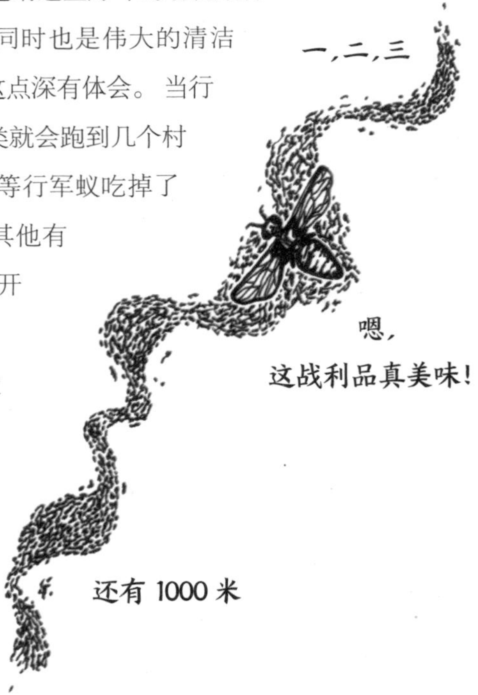

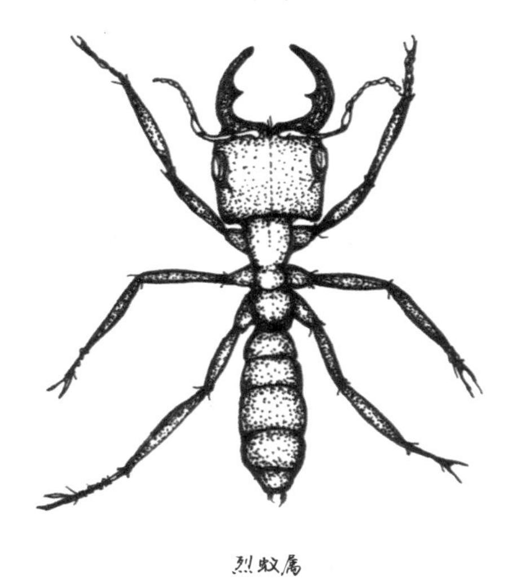

烈蚁属

忙除害。他们会去寻找蚁群，把几百只蚂蚁战士带回自己的村庄。只需几天时间，这些蚂蚁就能把村庄从各种害虫的包围中解救出来。

行军蚁有着锋利的颚，可以紧密咬合在一起。被它们咬伤会非常疼，但这种强大的咬合力也可以为人所用。例如，肯尼亚的马赛人会使用这些蚂蚁来“缝合”伤口。他们把伤口的边缘捏在一起，然后放上一只或多只蚂蚁。它们会把伤口两边紧紧咬合在一起，这样伤口就像被“缝住”了一样。即使人类把行军蚁的腹部摘掉，它们仍然会保持这个姿势好几天。

191 棕熊是减肥冠军

说起减肥，**棕熊**是当之无愧的冠军。在冬眠期间，雌性棕熊的体重可以下降约三分之一，这意味着它平均每天能瘦 0.5 千克，总共能瘦 73 千克。

夏天快要结束的时候，棕熊便开始吃东西——具体来说，应该是为冬眠做准备而大吃大喝。它们会尽可能在短时间内获得数万卡路里的能量。不过它们并不会立即使用这些能量，而是把能量储存在毛皮下面厚厚的脂肪层中。

一旦天气变冷，棕熊就会找个洞，把自己蜷成球开始休息。此时，它们的体温会从 37 摄氏度下降到 33 摄氏度，心率减慢到每分钟 20 次。这样就能尽量减少能量的消耗。在冬眠期间，棕熊几乎不吃不喝，而是靠着皮毛下的脂肪度过整个冬天。

雌性棕熊不像其他大多数动物那样等到春天才生宝宝。它们在冬眠期间——一年中最寒冷潮湿的时候——生下熊宝宝。它们出生时大小和老鼠差不多，出生 3 周后才能睁开眼睛。熊宝宝会和妈妈一起在洞穴里待上 3 个月。

等到气温变暖，棕熊就会被体内的生物钟唤醒，棕熊知道自己又可以起来活动了，但它仍需要一段时间才能完全苏醒。醒来的第一天，棕熊的行动速度非常慢，进食饮水都很艰难，就好像在“边走边冬眠”似的。不过，有了阳光和食物，它就可以迅速恢复正常，再次愉快地四处游荡。

棕熊可以抵挡美食的诱惑

192 摄魂怪黄蜂会把蟑螂变成僵尸

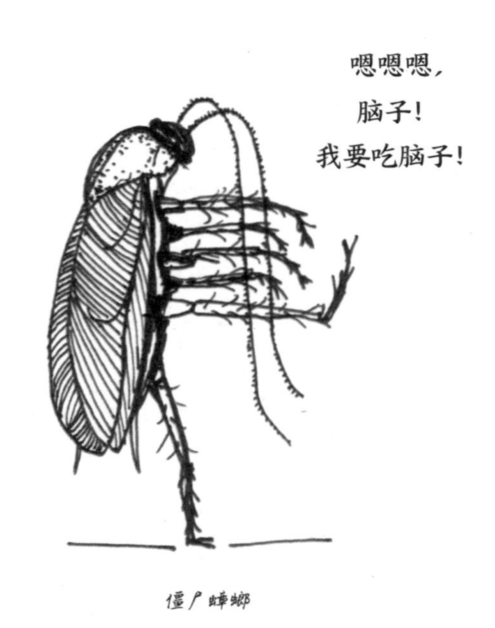

僵尸蟑螂

摄魂怪黄蜂是一种**蟑螂黄蜂**。这种蜂的大小还不到一厘米，看起来没什么危险，但它却能把蟑螂变成僵尸。这也就是为什么它以“哈利·波特”系列中的摄魂怪（一种吸食受害者灵魂的生物）命名。

雌性摄魂怪黄蜂怀孕时会去寻找一只大**蟑螂**，它会又快又狠地叮刺它的胸部神经，这样蟑螂就被麻痹了。等蟑螂翻过身来，摄魂蜂就会进行第二次叮刺，这一次会穿过蟑螂柔软的颈部直抵大脑。它在那里探测一番，直到找到正确的位置才把毒液注射进去。蟑螂醒来后就变成了一具僵尸，沦为摄魂怪黄蜂的奴隶，任凭其肆意摆布。

然后，小小的摄魂怪黄蜂会抓住蟑螂的一根触须，把它带回自己的巢穴。回去后，摄魂怪黄蜂会把卵产在蟑螂的腿上。

三天后，幼虫孵化，并开始在蟑螂体内生活。幼虫会从内部把蟑螂吃得只剩一个空壳，但会尽量让它多活一段时间，这样才能保持它的新鲜美味。两周之后，幼虫变成摄魂怪黄蜂破茧而出，此时蟑螂已经被完全吃掉了。

193 你想喝一口从肠道里出来的“粥”吗？

考拉的“循环利用”

的鼻子和圆滚滚的身体，简直想让人把它从树上“摘”下来抱一抱。

不幸的是，为了取得考拉漂亮的皮毛制作大衣，人类在20世纪初经常猎杀考拉，这导致考拉一度濒临灭绝。现在猎杀考拉的行为已经被明令禁止，但它们的日子仍然不好过。因为人类砍伐桉树的行为威胁着它们唯一的食物来源：考拉只吃桉树的叶子，而且还不是什么桉树都行！事实上，600种不同桉树的叶子中，考拉愿意吃的只有20种，而它们最喜欢的只有5种。考拉每天需要吃200~400克桉树叶才能存活。

雌性考拉每两年才会生一个宝宝。考拉宝宝出生时只有6厘米大小，它会在妈妈的育儿袋里生活6个月。

考拉有一点特别之处就是育儿袋的开口朝下。新生的考拉宝宝会喝妈妈的乳汁，但它很快就开始吃桉树叶了。22~30周龄时，考拉妈妈会从盲肠排出一种半流质的软食[1]让小考拉采食，以此帮助宝宝逐步适应难以消化的桉树叶。对考拉宝宝来说，那可是美味！

[1] 这种食物含有较多水分和微生物，易于消化和吸收，且将伴随着小考拉度过从母乳到采食桉树叶的这段重要的过渡时期，直到小考拉可以完全地采食桉树叶为止。

194 家门口的自助餐！

穴小鸮是世界上最小的猫头鹰之一。它们最大能长到 25 厘米，翼展（从一端翼尖到另一端翼尖的距离）约为 60 厘米。这种猫头鹰生活在美国。无论是在北部还是南部，它们都居住在疏林草原[1]和草原。它们经常用那双纤细的长腿在地面四处走动。

穴小鸮爱吃草蜢和甲虫，但也喜欢田鼠和小型松鼠。穴小鸮是唯一一种吃水果和种子的猫头鹰。

正如其他猫头鹰一样，穴小鸮能在高空中飞翔时寻找猎物。但它还会做些与众不同的事情。穴小鸮会收集各种动物的粪便，然后把这些粪便布置在自己的小屋入口。这种猫头鹰不在树上筑巢，而是住在地下洞穴里，穴小鸮这个名字也由此而来。

昆虫被洞口粪便的气味吸引而来，于是穴小鸮只需伸出头，便可从粪便中取食肥嫩的虫子。真方便，不是吗？

[1] 分布于热带，又被称为热带草原或热带莽原。草类高大茂盛，且有稀疏的树木散布其间。

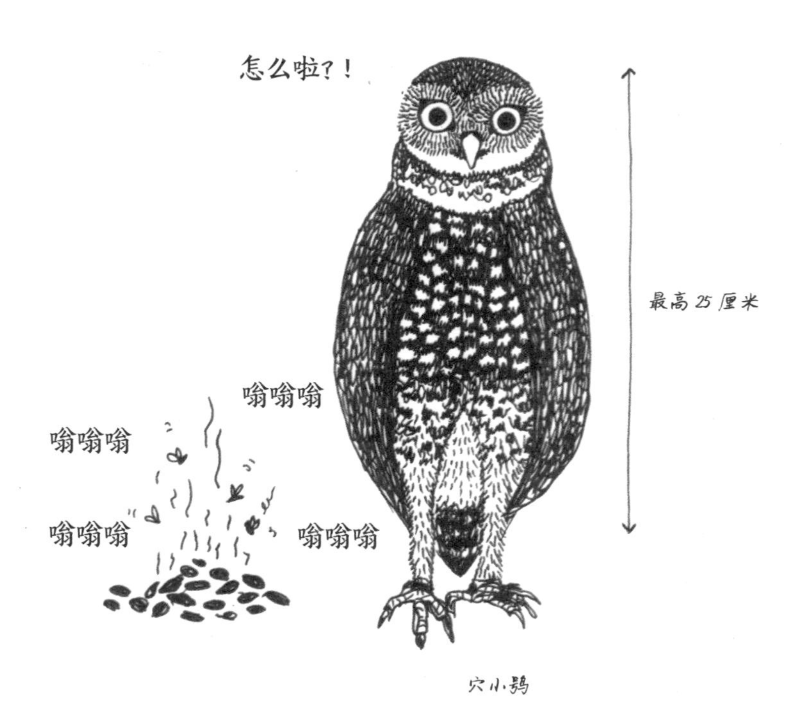
怎么啦？！
最高 25 厘米
嗡嗡嗡
嗡嗡嗡
嗡嗡嗡
嗡嗡嗡
穴小鸮

195 蝴蝶会用足尝味道

准备产卵的时候，雌性**金凤蝶**会去找寻一个合适的地方。正如人类母亲一样，它只想为孩子们提供最好的一切。从卵中孵化的金凤蝶幼虫爱吃鲜嫩多汁的树叶，但并不是每棵树或者灌木都同样美味。因此金凤蝶妈妈会为孩子们提前试吃。它并不会把每种植物都咬一口，否则很快就会撑坏肚子的，它会用前足触摸植物以分辨味道。只见它在树叶中来回穿梭，用足上的感觉器官品尝多达七种不同的物质。金凤蝶甚至可以用这些灵敏的感官估计植物的年龄和健康状况。这点非常重要，因为植物必须在幼虫孵化时仍然存活，这样才能保证幼虫找到足够的食物。如果植物在幼虫进食之前就死掉了，金凤蝶的一切努力就都白费了。

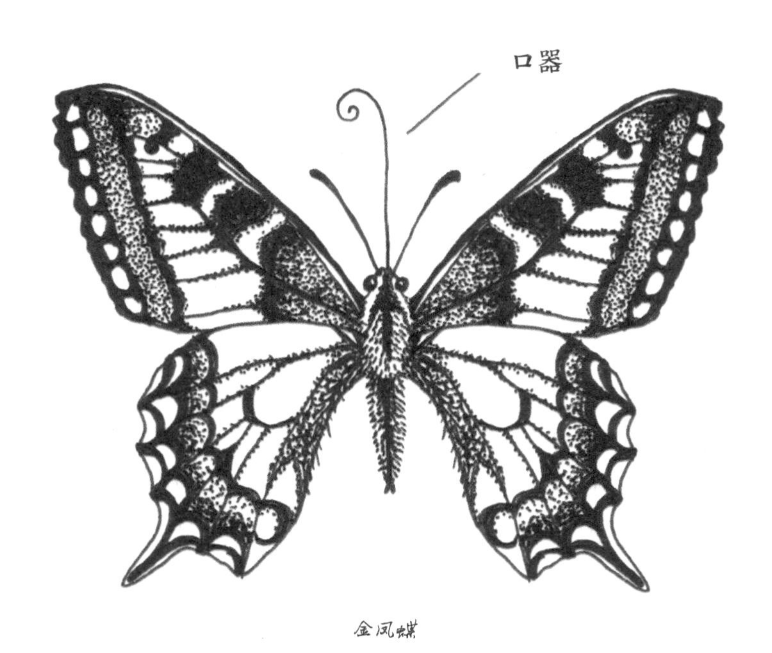

金凤蝶

蝴蝶还可以利用这些特殊的足来判断风向。飞向天空之前，蝴蝶会抬起一条腿以确认自己是否可以轻松起飞。

蝴蝶用足来尝味道，但用口器来进食。蝴蝶飞舞时，它的口器会呈螺旋状卷起。但遇见美味的花朵时，它便会降落在上面，把长长的口器伸展成一根管子，从花中吮吸花蜜。它也从腐烂的果实中吸食汁液。

口器最长的当属**马岛长喙天蛾**。这种其貌不扬的棕色天蛾生活在马达加斯加岛上，它的喙长超过 30 厘米！

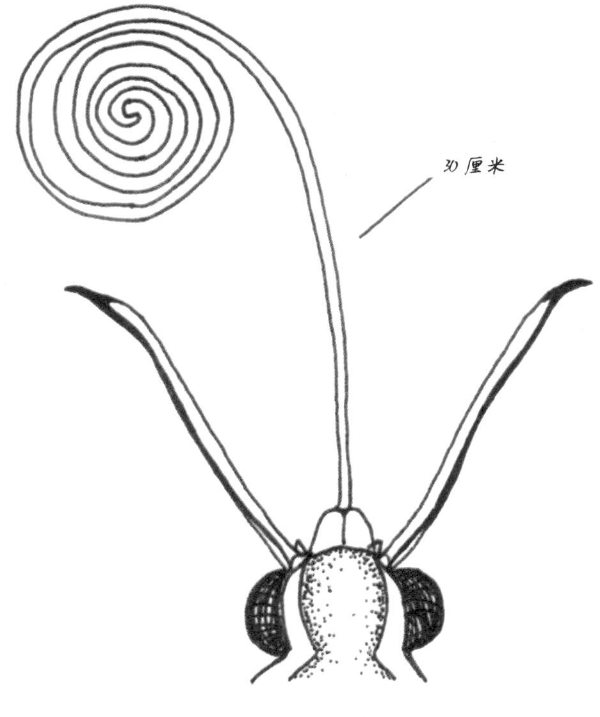

马岛长喙天蛾

196 姬蜂在毛毛虫体内长大……

姬蜂属膜翅姬蜂科。它们对人类无害，只是在耳边嗡嗡叫时格外讨厌。不过对于毛毛虫来说，姬蜂是真正的恐怖杀手。雌性姬蜂想要产卵时会去寻找一只美味多汁的毛毛虫，例如菜青虫（菜粉蝶的幼虫）。姬蜂最喜欢正在蜕皮的毛毛虫，因为此时它可以把自己的产卵管轻松刺入毛毛虫的身体。毛毛虫并不会就此死亡，但姬蜂的目的却达到了——它用自己那长长的产卵管在毛毛虫的身体里产下了卵。

毛毛虫是姬蜂宝宝的食物。卵孵化后，姬蜂幼虫就会把毛毛虫从内向外吃得干干净净。等所有食物都被吃掉之后，姬蜂便会从毛毛虫的身体里飞出去。

姬蜂非常善于识别气味，当毛毛虫啃食植物时，姬蜂可以通过植物分泌的气味找到毛毛虫。

正因如此，有人想到了使用姬蜂来探测地雷。在发生战争或曾经发生战争的地方，总有成千上万的地雷埋在地下，人们有时可能会意外地踩到这些地雷。

当然，姬蜂并不是天生喜欢地雷的气味。但是科学家会使用伊万·巴甫洛夫的方法训练它们。巴甫洛夫每次给狗喂食时都会摇铃，而狗一看到食物就开始流口水。过了一段时间，狗一听到铃声就会流口水。这种现象被称为巴甫洛夫条件反射。人类可以在包括姬蜂在内的很多动物身上利用这种条件反射。

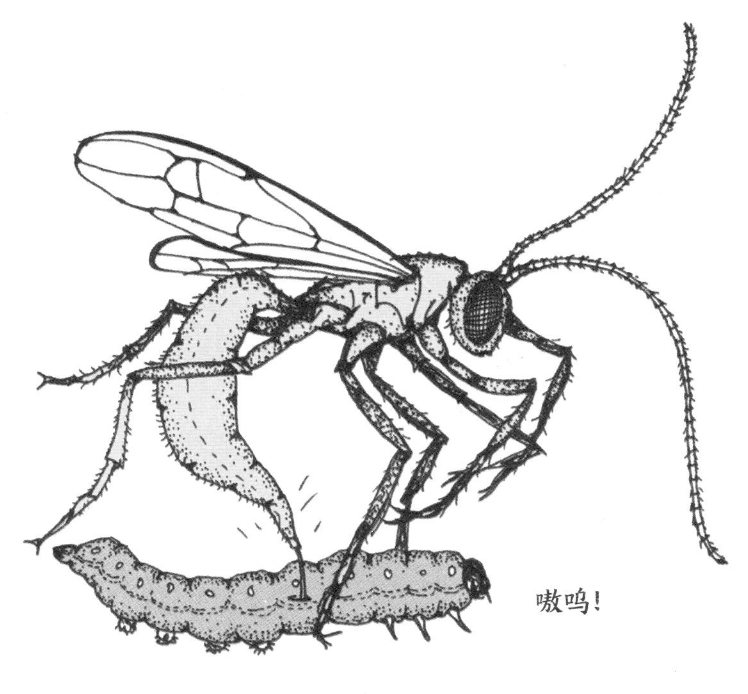

姬蜂

197 如何用自己的舌头捕鱼

钓鱼的时候必须准备一些鱼饵，例如挂在鱼钩上的小虫子。

来自北美的**鳄龟**对此心知肚明。它生活在淡水湖的湖底，平时总是非常安静，因此其他生物几乎察觉不到它的存在。它的壳和湖底的颜色基本相同，上面覆盖着一层藻类。鳄龟把嘴巴大大张开，从里面伸出一条粉红色的舌头。那舌头上面长着一个肉突，看着活像一只蠕虫。“看起来很好吃！”游过的鱼虾这样想着，却没有看到“蠕虫”身后那只重达上百千克的大鳄龟。一旦小鱼游进嘴里，鳄龟立刻就会把自己锋利的上下颌咬在一起。

鳄龟

鳄龟偶尔会想尝尝鱼以外的食物，比如一块鸟肉。于是它会把在水面滑翔的海鸥或其他鸟拽到水下溺死，然后把它们连皮带羽毛一起吃下肚子。

鳄龟可以活到两百岁。雌性鳄龟一次产下10~50颗卵，虽然它产下了许多后代，但是，许多小鳄龟在成年之前就会被其他捕食者吃掉。

这样吗？

198 你真应该试试：单腿站立，把头伸进水里吃东西

火烈鸟经常单腿站立。但它们为什么要这样做呢？科学家还没有完全搞明白这一点。它们可能是想让一条腿休息一下，也有可能是为了防止自己感冒。你自己试试就明白了：如果把两只脚都放进凉水里，你可能也会想抬起一只脚。但火烈鸟即便站在温暖的水中也会单腿站着，甚至是不在水中的火烈鸟也会这么做，所以说它们可真是一种奇怪的鸟啊。它们是怎么做到这点的呢？原来它们“锁定”了自己的膝关节，这样它们的身体会非常稳定，甚至睡觉时也可以保持单腿站立。即便火烈鸟已经死了，它还是可以保持那个姿势。

吃东西时，火烈鸟必须翻转头部，这是因为它们的喙形状特殊，有着弯曲的构造。火烈鸟会把自己的喙倒置在水中，把水连着泥一起吸入口中，然后通过喙上的“过滤器”把多余的水和渣滓滤出。

火烈鸟的巢呈圆锥形。雌雄火烈鸟一起筑巢，然后雌性火烈鸟在巢中产下一颗卵。幼鸟主要依靠吃成鸟嗉囊里分泌的乳状物来生存。两到三年后，幼鸟才会从灰色变成粉红色。

单腿站立
达人！

199 你听说过来自南非的老鼠捕手吗？

你可能听说过关于哈默尔恩魔笛手的故事。但是你知道在南非生活着一种真正的“老鼠捕手”吗？它们就是**蛇鹫（秘书鸟**）。秘书鸟不会用笛声引诱老鼠，而是会用自己强壮的爪子抓住猎物，精准地攻击其要害以致其死亡。秘书鸟不仅吃老鼠，还爱吃蛇、龟和各种爬行动物。雄性秘书鸟捕捉猎物时能够激发出相当于自身体重六倍的力量，因此它有时会被人们称为“忍者鹰”。

秘书鸟的样子十分特别。它的名字或许来源于它头上那些奇特的羽毛。这些羽毛长在秘书鸟的头顶后方，让人联想到过去的文员或秘书放在耳后的羽毛笔。它们可以用那双强壮的长腿快乐地四处走动，当危险来临或是天敌靠近时，它们就会扇动翅膀加速前进。

啊哈，我记下它了

蛇鹫

200 狼獾会把雪当作冰箱

狼獾的英语是 wolverine，和那个肌肉发达、手上长着利爪的漫威超级英雄一样（金刚狼 Wolverine）。

但是狼獾和狼没有任何关系，它实际上是伶鼬的亲戚。狼獾看起来像一只长着短鼻子的小熊。你可以通过它眼周和前额的黑色皮毛认出它。

狼獾以植物、鸟蛋和浆果为食，也喜欢吃小型啮齿动物和松鼠。它们还敢捕食驯鹿或山羊。狼獾有着强壮的颚和牙齿，

可以把猎物吃得干干净净，甚至连骨头和牙齿都不放过。简直是货真价实的贪吃鬼！

狼獾生活在北半球的高纬度地区。它们的腿完全被毛发覆盖，形成了一种特殊的“雪鞋”，能帮助狼獾在雪地上轻松地行走。狼獾的生活离不开雪。首先，它们会把雪当作冰箱使用。狼獾无法一次性吃完很大的猎物，所以它们会把猎物藏在雪里，以备不时之需。有了低温保鲜，这些肉就不会被昆虫吃掉或被细菌侵蚀。另外，当狼獾的幼崽出生时，这些保存在雪中的食物就显得格外重要了。下面就要说到狼獾需要雪的第二个原因了。雌性狼獾会在雪中挖一个深深的洞穴，然后把幼崽放在里面。小狼獾出生在冬末或春初，此时狼獾妈妈无法捕猎，所以需要依赖这些冷冻食物来生存。通常情况下，狼獾爸爸根本不怎么关心自己的后代。

201 小丑鱼❤海葵（海葵也爱小丑鱼）

如果你看过电影《海底总动员》，你就会知道**小丑鱼**生活在**海葵**中。但是你知道这种鱼和海葵会互帮互助吗？有毒的海葵对于小丑鱼来说却是理想避难所。海葵的毒素并不会伤害小丑鱼，因为它们身上有一层黏液，可以保护自己不被海葵蜇伤。除此之外，小丑鱼还能吃海葵剩下的食物。海葵也很喜欢小丑鱼这个“租客”，因为小丑鱼可以帮海葵赶走其他入侵者，还能吃掉讨厌的寄生虫。海葵还喜欢小丑鱼的粪便，因为它能从这些粪便中吸收大量营养。此外，小丑鱼在海葵附近的水中游动，会为海葵引来更多的猎物。在生物学中，我们把这种现象称作“共生”。

如果小丑鱼生病了，它就会离开海葵。因为此时保护它免受毒素伤害的黏液层可能不够强大，这样它就有被海葵吃掉的风险。

小丑鱼和海葵组成了一支完美的团队

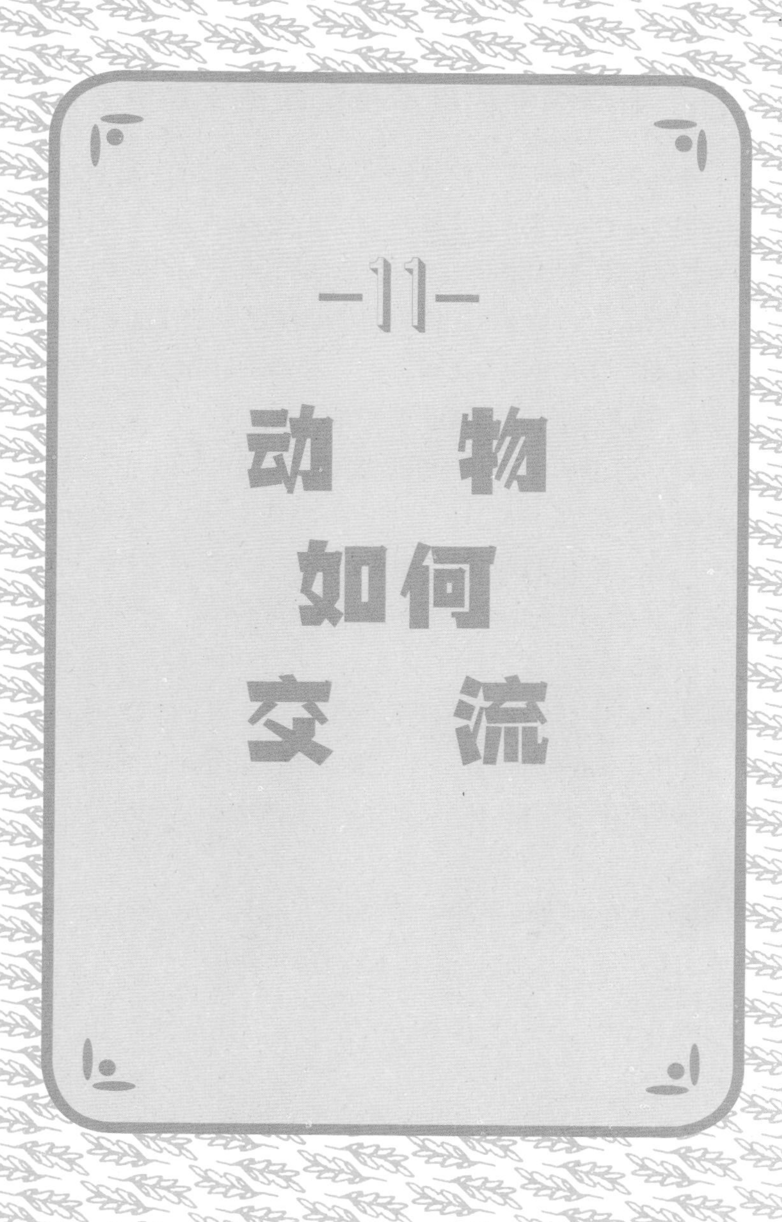

—11—

动物如何交流

202 噼噼啪啪的屁声也可以是一种语言！

鲱鱼喜欢成群游动，确切地说，它们和数百万同类一起集群生活。鲱鱼群的体积很大，长和宽可达数千米，高可达数十米。鱼群中的鲱鱼们在游泳时可以保持完美的同步，因此鱼群可以作为一个整体移动，这样掠食者就很难从中选出猎物。这和散乱的鱼群（例如珊瑚鱼[1]的鱼群）有很大的不同。珊瑚鱼平时会漫无目的地游来游去，遭遇危险时就会躲进珊瑚的裂缝之间。

在一个有序的鱼群中，鱼虽然也会使用眼睛和耳朵，但主要还是使用“体侧线”。体侧线由许多细小的感受器组成，沿着鱼的身体和头部延伸。鱼可以用体侧线感受到压力的变化。这些关于压力的信息会得到飞速处理，然后鱼就会随之改变方向。

当夜幕降临，水下就会变得漆黑一片，鱼群会变得有些分散，但鲱鱼们依然和彼此保持着联系。它们是怎么做到的呢？原来，鲱鱼利用了噼噼啪啪的放屁声。它们从肛门排出气泡，发出有节奏的爆裂声。它们用这种方式相互交流，这样就不会不小心“撞车”了。

年幼的鲱鱼们偶尔会掉队，然后它们可能会组成一个全是小鲱鱼的鱼群。不知道它们会不会因为逃学而受到惩罚……

---

[1] 珊瑚鱼，代指生活在珊瑚中的颜色鲜艳的鱼类。

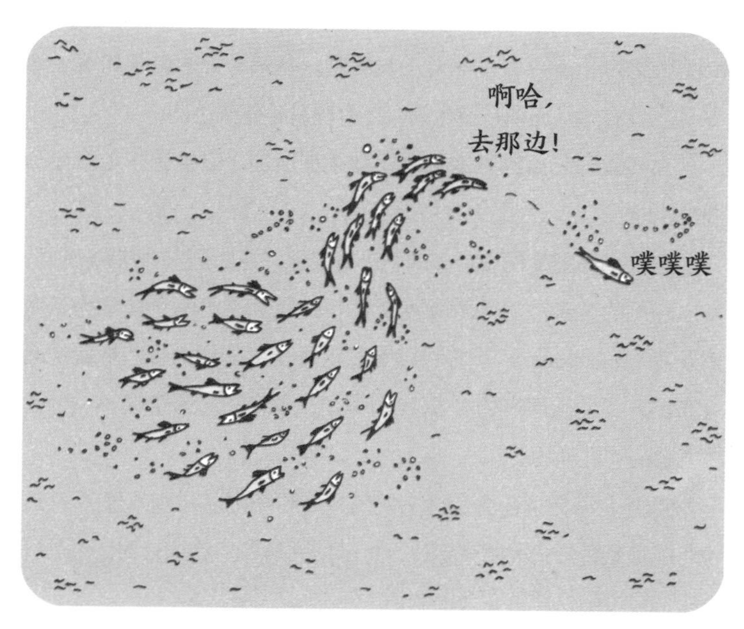

鲱鱼群

203 马岛猬用刺来说话

也许你从来没有听说过**马岛猬**这种生物，但地球上其实生活着 30 种马岛猬，每一种看起来都有些不同。它们大多数像刺猬和鼩鼱杂交的产物。它们的背上长着刺，有着长长的鼻子和短短的小尾巴。有些马岛猬是黄色的，还有些是其他颜色的。

大多数马岛猬物种都生活在马达加斯加，但也有些生活在非洲其他地方。

条纹马岛猬会使用背部的刺进行交流。它用这些刺相互摩擦，发出轻柔的声音。这种摩擦身体部位的行为在科学上被称为“摩擦发音（stridulation）”。你可能见过这种现象，例如有些蝉就是通过摩擦方式发出声音的。据我们所知，条纹马岛猬是唯一一种摩擦发音的哺乳动物。

此外，马岛猬还会用舌头发出咔嗒咔嗒声以吓跑入侵者。这也可能是某种形式的回声定位，可以帮助马岛猬寻找猎物，不过科学家们还没把这件事完全搞清楚。

马岛猬把刺作为交流和伪装的工具，但也用这些刺来保护自己。条纹马岛猬受到威胁时会冲着入侵者把刺竖起来，然后狠狠给它一记头槌……这个场景看起来有些滑稽可笑，但战斗双方感受到的疼痛可不是开玩笑的。

条纹马岛猬

204 熊狸开心时会吃吃笑

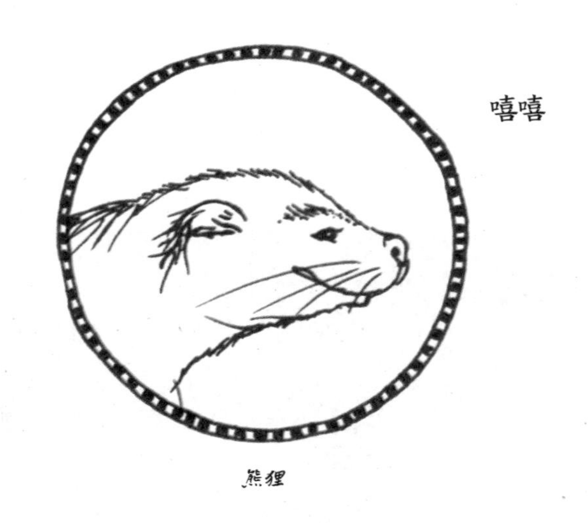

熊狸

◎ 雌性**熊狸**有个非常特别的技能。它们随时可以交配，但会自行决定胚胎在子宫中着床的时间。只有在确定环境完全合适，并且有足够的食物喂养婴儿时，它们才会让胚胎开始着床发育。

◎ 熊狸会在感到快乐时发出咯咯的笑声，也会在悲伤或生气时高声叫喊。它们能发出低沉的怒吼，也能发出嗞嗞的声响。雌性想要交配时，还会发出咕噜咕噜的声音。

◎ 在森林里，有些无花果树的生长需要依靠熊狸。熊狸吃掉无花果坚硬的种子后，它们肠道中的一些物质（酶）会使种子变得更加柔软。只有当熊狸把种子随着粪便排出后，这些种子才会生根发芽并长成树。

◎ 熊狸在古马来语中被称为“binturong”。很可惜这种语言已经失传了，因此我们永远无法知道这个词究竟意味着什么了。

205 歌声美妙的欧歌鸫

听到**欧歌鸫**这个名字，你就能猜出它们的歌声非常美妙。它们经常从清早开始唱歌，一直唱到夜幕降临。这些小鸟常常停在高高的屋顶或树梢上，从喉咙中发出一声又一声的啼叫。

第一首被录下来的鸟类歌曲就是欧歌鸫的作品。1889 年，年仅 7 岁的路德维希·卡尔·科赫（Ludwig Karl Koch）收到了一个留声机作为礼物。他带着这个机器来到野外，录下了欧歌鸫的歌声。

后来，路德维希成为记录各种动物声音的著名专家。在大英图书馆（British Library）网站的“声音（Sounds）”栏目，你也许能听到路德维希录下的欧歌鸫的歌声。

欧歌鸫吃小型昆虫，但它最喜欢的食物还是蜗牛。如果你在某个地方看到了许多破碎的蜗牛壳，这说明附近可能有只欧歌鸫在开“铁匠铺”。这周围可能有块石头或者其他什么坚硬的物体，欧歌鸫可以把蜗牛壳砸到这个硬物上面弄碎。每当欧歌鸫找到蜗牛的时候，它就会利用石头把蜗牛从壳里取出来。

嘀哩哩哩哩哩哩

嘀哩哩哩哩

谢谢欣赏

谢谢欣赏

206 嘘……长颈鹿在哼唱

你在动物园或者野外看到过**长颈鹿**吗？你能想起来它的叫声是什么样的吗？想不起来也很正常，因为长颈鹿不会发出声音。至少……研究人员直到最近都是这么以为的。没有人听到过长颈鹿发出声音，除了偶尔吸鼻子的哼声。因此，在很长一段时间内科学家都认为长颈鹿没有声带，但事实并非如此：长颈鹿是有声带的。因此，有些科学家认为长颈鹿不发出声音是因为它的脖子太长了。

现在我们对这件事有了更多的了解。维也纳大学的一组研究人员在三个动物园里的长颈鹿附近放置了麦克风，进行了为期八年的观察研究。猜猜结果怎么样？长颈鹿会发出嗡嗡的声音，但这种声音非常低，而且它们只在晚上才会发出这种声音。

人们尚未弄清长颈鹿为什么要发出这种声音。它们白天站在大草原上，可以依赖自己的眼睛。因为它们的脖子很长，所以能看到很远的地方，每一只长颈鹿都密切关注着鹿群中的其他同类，一旦有一只开始逃跑，其他长颈鹿就会跟着跑。长颈鹿不发出太多声音是很明智的，因为这样就可以避免引来捕猎者。

长颈鹿在夜间的视力当然要比白天差很多。科学家们推测它们在这时发出极轻的哼唱是为了保持整个鹿群一直待在一起。这种哼唱的频率对人类来说太低了，所以我们听不见声音，但是长颈鹿确实在发声。这种声音听起来有点像轻柔的鼾声。

长颈鹿会紧跟着其他同类行动

当然这只是一种可能的解释，说不定长颈鹿只是在为自己的孩子轻轻唱摇篮曲呢……

207 雕鸮是恶魔之子吗？

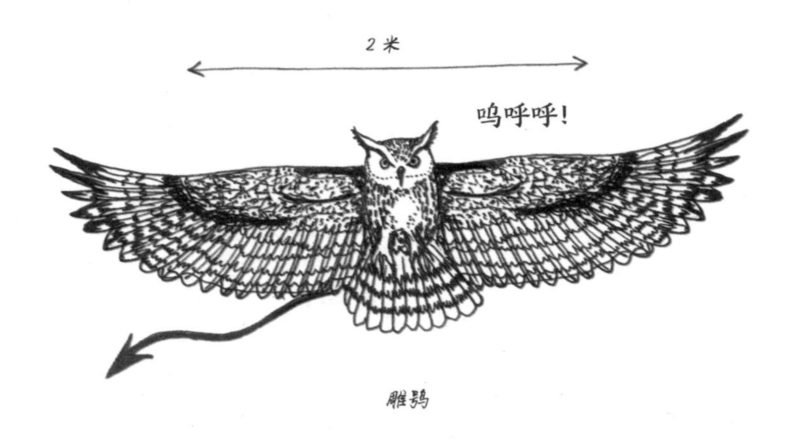

雕鸮

◎ **雕鸮**又名鹫兔，是世界上最大的猫头鹰之一。它可以长到75 厘米高，重达 3~4 千克。它的翼展（从一端翼尖到另一端翼尖的距离）最长可达 2 米。

◎ 雄性雕鸮会唱歌来吸引雌性。一旦有雌性停在巢上，它就会停止歌唱。雕鸮妈妈产下 2~4 个卵后负责孵卵，而雕鸮爸爸则负责寻找食物。三十几天后，雏鸟破壳而出。直到秋天前，它们都会和父母生活在一起。

◎ 通常情况下，雕鸮只会发出“呜呜呼呼”的叫声，但当附近有敌人时，它们就会发出警报声。那种声音异常恐怖，被人称为“魔鬼的笑声”或者“魔鬼的尖叫”。

◎ 雕鸮是优秀的猎人，它能用锋利的爪子抓住 5 千克重的猎物。它们以其他鸟类为食，还吃狐狸和刺猬的幼崽。

◎ 长期以来，雕鸮一直濒临灭绝。饲养鸽子的人会射杀它们，因为雕鸮有时会吃掉价格昂贵的鸽子。猎人也会攻击雕鸮，以防它们吃掉雉鸡和穴兔。但雕鸮数量减少的最重要原因是 DDT（双对氯苯基三氯乙烷）。田鼠吃了被喷洒这种杀虫剂的粮食，雕鸮又吃掉了这些中毒的啮齿动物。这种毒药会使雕鸮的蛋壳变脆，使它们在孵化过程中破碎。幸好从 20 世纪 70 年代以来各国陆续开始禁用 DDT，雕鸮也被列为保护动物。

208 白犀牛的 Facebook 主页

◎ 我们的星球上曾经生活着超过 165 种**犀牛**。现在只剩下 5 种了，其中 3 种生活在亚洲，2 种生活在非洲，每一种都濒临灭绝。这种局面是人类造成的。为了获得更多农田，人类毁掉了犀牛生活的草原和森林，这些大家伙就这样失去了自己的栖息地。人类还为了得到犀牛的角而猎杀它们，因为他们认为这种角含有神奇的力量和物质，可以治疗各种疾病。这并不是真的，但有些人竟然对此坚信不疑。

◎ **白犀牛**是现存最大的犀牛。它们住在非洲，体重可达 3600 千克，是体形仅次于大象的大型陆生动物。白犀牛曾经濒临灭绝，幸好它们后来受到了良好的保护，现在已经有超过 2 万头白犀牛了。

◎ 白犀牛以群居为主，但公白犀则基本是独居，只在交配季节和同伴在一起生活一段时间。科学家们发现这些动物可以通过粪便相互沟通。犀牛会把自己的粪便放在同一个地方，也就是说它们有一种公共厕所。每种犀牛的粪便都含有独特的气味，这种气味来自粪便中的化学物质。有种物质的气味可以向其他犀牛表明粪便的主人是雄性还是雌性，有种物质可以表明犀牛的年龄，还有些物质可以表明雄性犀牛正在捍卫自己的领土，或者雌性犀牛正在准备交配。

犀牛

因此，犀牛的粪便就像某种意义上的Facebook主页一样，可以供这种动物彼此交换信息。

209 会尖叫的狗

或许你已经想养狗很久了，但你妈妈不同意，因为她觉得狗叫太吵，而且还嫌狗脏。

我们有个办法能帮你！和她商量商量养条**巴仙吉犬**吧。这种狗不会吠叫，只是偶尔发出一种奇特的尖叫声。因为它们的喉部构造与其他狗不同，所以不擅长发出吠叫声。而且巴仙吉犬非常爱干净，因此它们有时被称为“狗中之猫”。

巴仙吉犬非常勇敢。在它们的故乡肯尼亚，人们利用巴仙吉犬来猎杀狮子。狩猎期间通常是四只巴仙吉犬一起工作。它们的嗅觉十分灵敏，可以找到狮子藏身之所。狮子以为来了一只容易抓到的猎物，却没有意识到自己遭到了伏击。一旦狮子走出来，巴仙吉犬就会以闪电般的速度逃跑，而马赛猎人已经围成一圈，正准备用长矛杀死狮子。

巴仙吉犬和锐目猎犬一样可以跑得非常快，它们飞奔时的姿势也和锐目猎犬相同，四肢会在某个时刻同时离开地面。

那么巴仙吉犬有缺点吗？也有的。它们就像猫一样，非常顽固，还有点傲慢。因此它们有时不像其他犬种那么愿意和人亲近，教它们玩一些小把戏也没有那么容易。不过它们确实非常聪明，充满好奇心，而且愿意为了自己的主人赴汤蹈火。你觉得怎么样？这些信息足够说服你妈妈养一只巴仙吉犬吗？

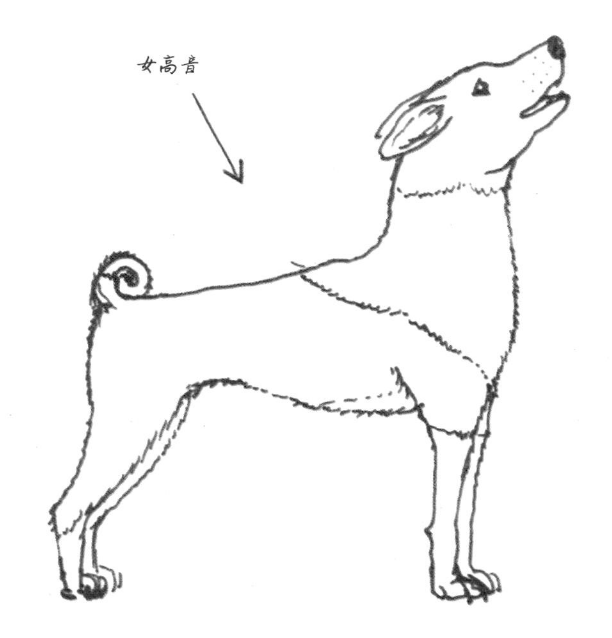

巴仙吉犬

210 不要对着黑猩猩露出牙齿

◎ 不要对着黑猩猩露出牙齿，因为它会觉得你是想攻击它。**猴子**们露出牙齿是为了展现自己尖锐的犬牙。它们不仅使用犬牙把食物撕成碎片，也会在必要的时候用犬牙来撕咬敌人。所以猴子露出牙齿绝对不是为了表示开心，而是要表示愤怒，是一种防御姿态。

◎ 那么猴子在开心和愉快时会做什么表情呢？它们会笑，但会有意识地用嘴唇盖住上牙，以表明自己没有攻击性。

微笑！

◎ **黑猩猩**还会做很多其他的动作来表明自己的意图。研究人员发现黑猩猩会用至少 66 个明确的姿势传达 19 种不同的信息。

◎ 雌性黑猩猩会向孩子露出自己的脚底，意思是让孩子爬到它背上。它还会啃叶子，表示自己想和异性交配。当它想让同伴帮忙挠痒痒的时候，就会碰一碰同伴的手臂。

◎ 所以说黑猩猩会使用肢体语言表达自己的意图，就像是还没有学会说话的人类小孩。研究人员甚至发现黑猩猩的姿势有时和人类儿童几乎完全相同。比如用手指指着头，伸手够东西，举起手臂表示自己想被抱起来，等等——这些都是黑猩猩和人类儿童之间相同的动作。因此，我们的远古祖先或许也是通过肢体语言相互交流的，并在此基础上逐步发展出了声音和语言。

211 高声鸣叫的红嘴鸥

你可能听说过**红嘴鸥**这种鸟。在很久以前，它们只在海岸边活动，但它们现在已经追随人类——尤其是追随着人类的垃圾——来到城市了。

夏天的时候，你可以通过红嘴鸥头上的巧克力棕色的小帽子认出它们。而在冬天，这顶小帽子只剩下两侧的两个小圆斑，看起来像戴了个耳机似的。

红嘴鸥的叫声听起来像是一种“啊啊啊”的高声大笑。它们用这种声音告诉自己的同伴哪里有东西可以吃。所以当你在公园里喂鸭子的时候，如果飞来了一大群红嘴鸥，也不必大惊小怪。红嘴鸥的大叫还有个功能，那就是对一些猛禽——比如爱吃红嘴鸥的鹞——发出警告。

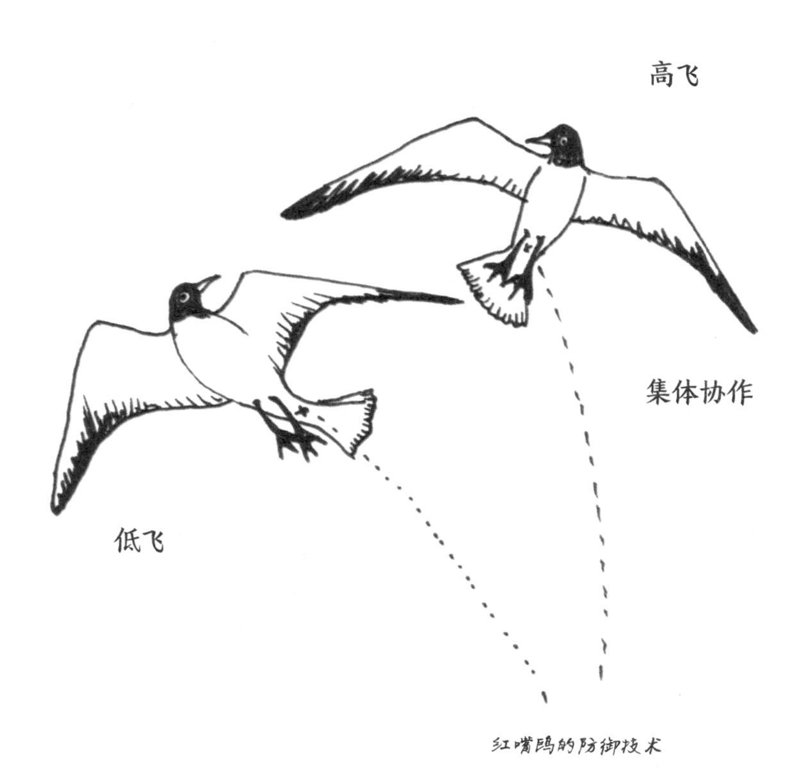

红嘴鸥的防御技术

212 蚂蚁的内置 GPS 系统

◎ 想象一下：你是一只**蚂蚁**，你在洞穴外面发现了一只刚刚死去的肥美丽蝇。真是天赐的美味，你希望尽快把它带回巢穴。但它太重了，你背不动，但是可以拖动它。此时最轻松的方法是倒着走，但你怎么找到回巢的路线呢？

◎ 有些蚂蚁身上幸运地配备了内置“太阳罗盘”或“天空罗盘”[1]。而且它们的记忆力很好，可以记住自己的来路。结合这种特殊的罗盘和优秀的记忆力，蚂蚁甚至可以在倒着走的时候找到回巢的路线。也就是说这种小动物有一种内置的 GPS 系统，可以在来回两个方向上使用。

◎ 与此同时，蚂蚁会不断彼此交换信息，只有这样蚁群才能顺利运转。因为蚂蚁的听力和视力都不太好，所以它们用触角向彼此传递信息。它们还会释放物质和气味，引领同类寻找食物。如果一只蚂蚁无法独自拖动肥胖的苍蝇，它就会释放一种气味信号，告知同伴食物所处的具体位置。跟随它的蚂蚁也会释放这种信号，这样寻找食物的踪迹就会更加清晰，蚁群中的更多蚂蚁便会随之赶来。蚂蚁还会散发出气味信号警告蚁群中的同伴小心敌人或者其他危险。它

---

[1] 科学研究显示太阳的位置和蓝天上反射下的日光，即天空偏振光（又叫天文路标），对于蚂蚁来说，是可以用来辨认回巢方向的。

们的气味信号中还存在类似“密码”的东西，只有知道正确气味密码的蚂蚁才可以进入蚁穴。如果一只蚂蚁试图用不正确的密码进入蚁穴，就会遭遇一场殊死搏斗。

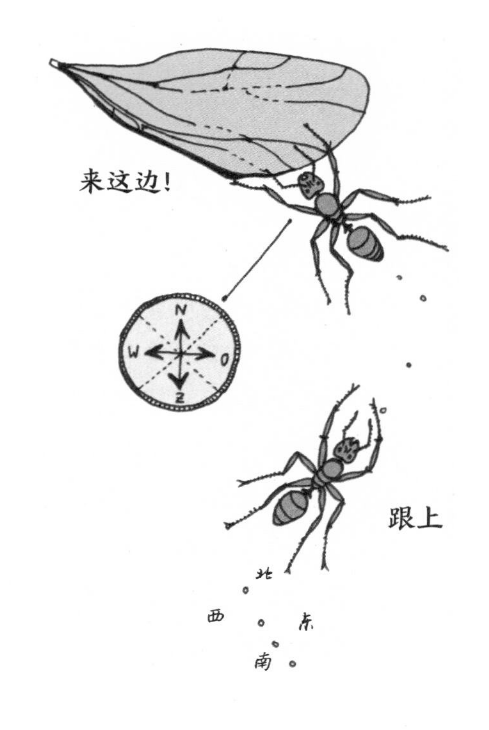

◎ 有时蚂蚁的 GPS 定位功能也会出现问题。第一只蚂蚁追随最后一只蚂蚁的气味，并开始跟着它前进，其他蚂蚁随之而来，这样就会形成几千只蚂蚁的螺旋。它们会一直继续前进，直到精疲力竭而死掉。[2]

[2] “自杀螺旋”现象，就是指蚂蚁一旦进入一个圆圈里，就会在里面无限转圈圈，一直出不来，直到死亡；另外，兵蚁出去捕食的话都是依靠其他蚂蚁所留下的气息来辨别方向，一旦闻不到其他蚂蚁的气息，它们就会原地不停地转圈圈，这是最让人感到不可思议的现象。

213 唱歌专家 & 算数能手——蝉！

炎热的夏夜里，当你待在室外，有时会听到一支特殊管弦乐队的演奏。或许有人会说："那是蟋蟀的声音。"这话可不一定对——那声音有可能来自**蝉**。蝉既不会用嘴唱歌，也不会像蟋蟀那样摩擦翅膀，而是利用自己体内的"鼓室"来发出声音。蝉的身体两侧有一种盖板，上面紧紧覆盖着一层鼓膜。内部的振动板会以非常快的速度强烈地震动鼓膜，背面的空心形成了一种音箱的效果，这样蝉就能发出很大的声音了。蝉的鸣叫声可以达到100分贝，这是什么概念呢？这个响度相当于电钻的声音。鸟类听了如此大的声音会感到耳朵疼痛，于是就会离蝉远远的。蝉每次鸣叫都会用一种特殊的膜保护自己的耳朵，所以它们不用担心被自己吵到耳聋。

蝉有着宽大的头部，向外凸出的大眼睛和船形的身体。它的背上有两对翅膀，上面粗粗的翅脉清晰可见。蝉还长着强壮的后腿，可以帮它快速跳开。这也是为什么人们有时会把蝉和蟋蟀、草蜢搞混。

北美生活着一种会算数的蝉——**周期蝉**。你在数学课上学过：质数是指在大于1的自然数中，只能被1和它自身整除的数，例如13和17就是质数。周期蝉会在质数年产卵，它们的幼虫会在地下停留13年或17年，然后数百万只蝉一起破土而出。等它们产卵之后，新一代的蝉便会再一次开始13年或17年的循环。这些蝉为什么要在地下等待这么久，还是一个未解之谜。周期蝉爬出地面的年份就是鸟儿们的狂欢节。鸟儿们大饱口福之后，就可以产下许多幼鸟。一年之后，没有蝉爬出地面了，鸟儿们饿坏了，便离开这里去别处寻找食物。如果蝉出现的周期很短，聪明的鸟儿们就会记住这个年份，并按时回到蝉出现的地方。但对于鸟儿的记忆来说，13 年或 17 年的周期就太长了。

还有一种蝉每 4 年产卵一次。因为它每次都会在举办世界杯的年份出土，所以也被称为世界杯蝉。

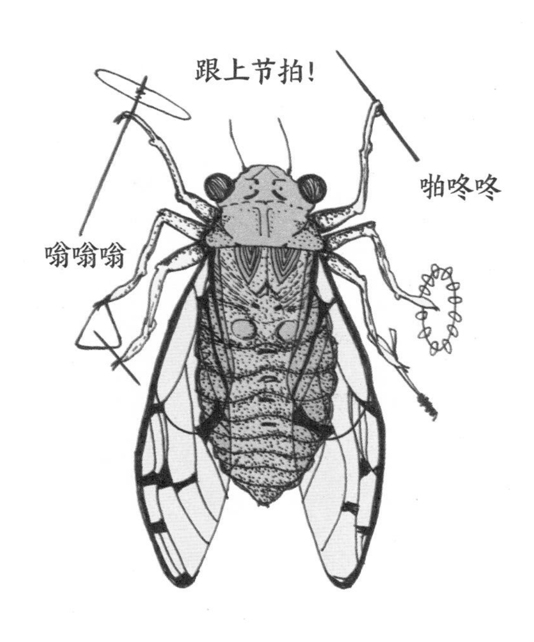

鼓手：蝉

214 犬羚会用鼻子“吹哨”

在非洲的东部和南部生活着一种体形矮小的羚羊。每当遭遇危险，这种羚羊就会用鼻子发出哨声，听起来有点像“嘀嘀”，它们的英文名“**Dik-dik**”就来自这种声音。如果这还不足以让你觉得它可爱的话，那再加一条：这种小动物只有 30~40 厘米高，体重大约 3~6 千克——可能比你家的狗还要小。

犬羚

当然，有很多食肉动物都喜欢吃**犬羚**。它的天敌包括鬣狗、野狗、狮子、豹和雕等。当敌人接近时，犬羚会沿“之”字形路线逃跑，速度可达每小时 40 千米。

人类也会猎杀犬羚。它们的皮非常适合制作漂亮的皮手套，而制作一双手套就需要用掉一整只犬羚的皮。

犬羚不喜欢其他动物入侵自己居住的地盘，因此它们会用尿液、粪便和……泪水来标记领土。它们的眼睛上有一个黑色的小球，里面会流出黏稠的泪液。犬羚会把头钻进草丛中，不断揉搓以留下气味。

犬羚看起来非常可亲可爱，但它们或许并不适合被当作宠物，因为它们非常需要足够大的空间跑来跑去。

215 海豚：只有一半的大脑在睡觉

海豚是世界上最顽皮的海洋动物。它们喜欢跳出水面，做出引人注目的跳跃和翻滚动作。它们那流线形的身体使它们能在水中游得飞快。

海豚非常聪明，它们能够使用工具，还能用独特的声音对话。

海豚非常喜欢社交。它们结群生活，每群中有十几头，成群的海豚有可能临时组成“超级群”，数量甚至可能超过1000头。此外它们还经常与其他动物和人类接触。例如，它们非常喜欢随着船只一起游泳。如果有必要，它们还会互相帮助，以及帮助其他动物。例如，它们会围着人类绕圈游泳，保护人类免受鲨鱼的袭击。

海豚每次睡觉时只有半个大脑处于休眠状态。这种特殊的睡眠方法对于它们非常重要，因为它们必须经常浮出水面呼吸空气。如果陷入沉睡，它们就有可能溺死。

睡眠中

216 来找草原犬鼠聊聊天吧

草原犬鼠生活在北美的大草原上。它们看起来有点像大个儿的松鼠，只是少了毛茸茸的尾巴。草原犬鼠住在地下洞穴里。这些小家伙非常喜欢社交，它们会许多家庭聚在一起，结成庞大的群体共同生活。

自然科学家康·斯洛博奇科夫（Con Slobodchikoff）发现这种小动物会说一种相当复杂的语言，它们可以通过发出呼叫声和哔哔声非常准确地传递信息。

如果你想听点刺激的八卦，
就来找草原犬鼠吧

康·斯洛博奇科夫和他的同事们用特殊的声音设备记录了草原犬鼠的语言，并用计算机程序分析了这些录音。表示“郊狼来了！”的呼叫声和表示“狗来了！”的呼叫声听起来非常不同。即便狗和郊狼很相似，草原犬鼠也不会把这两者搞混。它们还有针对猛禽、其他动物或人类发出的呼叫声。

草原犬鼠不仅可以区分不同的物种，还能够辨别颜色、形状和大小。它们甚至能告诉彼此一个人是否携带了武器。所以说草原犬鼠可以精准地描述自己看到的景象，例如：“一个又高又瘦的人类正向我们缓慢前进。他穿着一件蓝色衬衫，还带着一把枪。”

斯洛博奇科夫研究员还发现不同群体的草原犬鼠有着各自的方言。然而，当它们相遇的时候，似乎仍然可以理解彼此的意思。说不定它们也会学习“外语”呢……

217 渡鸦能记得彼此的名字

◎ **渡鸦**是欧洲最大的鸣禽，成年渡鸦的平均体长为 64 厘米。它们最大的特征就是黑色的羽毛和嘎嘎的叫声。

◎ 20 世纪初，欧洲北部的所有渡鸦几乎都被杀死了。农民们开枪射杀渡鸦，因为他们以为这些鸟杀死了他们的牛和其他动物。但事实并非如此，渡鸦只是以死去的动物为食，或者在极其偶然的情况下以濒临死亡的动物为食。

◎ 渡鸦一旦坠入爱河，就会和自己的伴侣相守终生。即使其中一只死去了，另一只也不会再去寻找新的伴侣，而是会孤身终老。

◎ 渡鸦一生都会和自己的孩子保持联络。它们甚至还有朋友，它们喜欢和朋友们结伴出行，还能记得朋友们的名字。科学家们发现渡鸦认识大约 80 个“词汇”，例如，它们能通过一种独特的尖叫声把自己介绍给同类。最神奇的是，其他渡鸦能够记住这种叫声，并在遇到自己的朋友时发出这种声音。

◎ 如果渡鸦在空中见到自己认识的朋友，它们会高声喊道：“嗨，凯文！好久不见！”如果遇上的并不是自己的朋友，它们就会发出郁郁而低沉的叫声。

218 普通潜鸟的疯狂笑声

如果你曾经去过美国北部或加拿大，那你可能会听到**普通潜鸟**的叫声。这种鸟的学名是 Gavia immer，英文名叫作 Common loon。它是一种黑白色（有时是棕色）的鸟，生活在大湖附近。

普通潜鸟发出的颤音会让人想起恐怖电影中反派的疯狂笑声，因此也被称为“疯狂的笑声”。这种颤音是一种警报信号，普通潜鸟会在夜间发出颤音来保卫自己的领地。

普通潜鸟还会发出一种短促响亮的“喇叭声”，用来与孩子和伴侣交流。它们用这种声音确认家里的每个成员是否在自己周围，以及周边是否一切正常。这有点像你妈妈在厨房里呼唤你的名字以确认你是否安好。

普通潜鸟最可怕的声音无疑是它们的嚎叫声。这是一种又长又刺耳的声音，听起来就像是狼的嚎叫声。这种声音主要用于和伴侣在夜间取得联系以及各种社交互动。

最后，普通潜鸟还有一种特别的“歌声”。雄性普通潜鸟会发出一种音调上扬的细长声音，这种声音可以持续 6 秒，歌中的音符会不断重复。雄性普通潜鸟发出歌声以保卫领土，驱赶其他雄性。每只雄性普通潜鸟都有自己独特的歌声，非常缓慢而有规律。

普通潜鸟的歌声有着丰富的变化

219 紫翅椋鸟的精彩表演

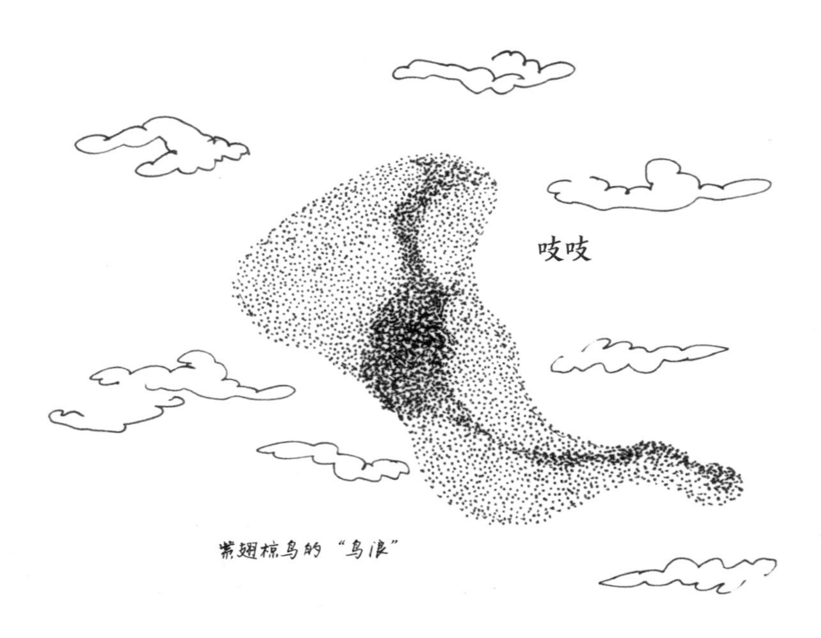

紫翅椋鸟的“鸟浪”

◎ 你肯定见过**紫翅椋鸟**，甚至可能是一大群紫翅椋鸟，因为这种鸟喜欢在繁殖季节后聚集成庞大的鸟群，有时一个鸟群中可能包含 1 万只鸟。它们一起飞行时格外引人注目，鸟群会整体向左或向右移动，向下俯冲，再极快地回到空中，时速可达到70千米。每只紫翅椋鸟都会密切关注自己周围的鸟，以保证在这种巨大的“墨西哥人浪”中同步飞行。它们这样做主要是为了防止天敌的攻击。落单的紫翅椋鸟很可能遭到猛禽的攻击，但庞大的鸟群会把猛禽弄得晕头转向（也许还会令它感到害怕）。

◎ 紫翅椋鸟喜欢“唱卡拉OK”，它们会模仿周围环境中的各种声音。例如，鸡的咯咯声或乌鸦的嘎嘎声。更厉害的是，居住在人们附近的紫翅椋鸟还会模仿“人类发出”的声音，例如车站附近的火车声。它们这么做可能仅仅是为了好玩，不过也可能是为了吸引雌性的关注。

◎ 你想把紫翅椋鸟吸引到你的花园里吗？那你可以挂上一个罐子，供它们在里面筑巢。冬天的时候，你可以喂给它们腐烂的苹果和梨、剩下的奶酪或者煮土豆。只要把这些食物撒在地上就可以了，因为紫翅椋鸟并不喜欢用饲料盆吃饭。

220 大山雀会撒谎

大山雀是一种有趣的小鸟，它们有着黄色的腹部、黑色的冠羽和白色的脸颊。大山雀的声音清脆悦耳，听起来像是“仔嘿—仔仔嘿—仔仔嘿嘿”或“仔仔嘿嘿嘿”。

如果遭遇危险，例如有一只雀鹰靠近时，大山雀就会以高亢明亮的语调警告同伴。雀鹰很爱吃大山雀，但它们听不见大山雀的高音。山雀家族的成员们则可以听到这种声音，于是它们可以在进攻者毫无察觉的情况下迅速逃到安全地点。

如果雀鹰成功地飞到了非常接近它们的地方，大山雀就会发出另外一种声音，听起来像低低的“嘁嘁”声，这意味着其他的大山雀已经没有多少时间隐藏了。不幸的是，雀鹰可以听到这种低沉的声音，所以发出警报的大山雀有时会为此付出自己的生命。

有些大山雀还用这种声音欺骗同伴。如果某个地方有非常美味的食物，或者当食物不足以满足所有大山雀的需求时，有些大山雀就会发出假警报。趁着其他山雀迅速寻找藏身之处时，那个小骗子就会把所有的食物吞进肚里。

精明的大山雀

221 鹦鹉会通过说话吸引你的注意力

亚历克斯

想象一下，你的宠物忽然能和你交谈了。例如，你的狗会问你今天在学校过得怎么样，你的猫会给你讲最有趣的笑话——是不是感觉美妙极了？

鹦鹉似乎能够做到这一点。至少它会在你回家的时候高兴地对你说“你好呀”。但它真的理解自己在说什么吗？

鹦鹉是在模仿或模拟声音。如果你经常在进入房间的时候对它说“你好呀”，它就会在一段时间后模仿你说的话。或许它并不知道这句话的意思，但它确实会把你进屋这件事和“你好呀”这句话联系起来。如果你开门时门发出了吱吱的声音，鹦鹉也可能会模仿那个声音。

不过，有些鹦鹉的确明白自己在说什么（或者明白其中的一部分）。例如亚历克斯（Alex），一只非洲灰鹦鹉。经过教练的特殊训练，它在一段时间后能够识别 50 种事物的名称，辨认 7 种颜色和 6 种形状，还能数到 8。

鹦鹉并不是唯一一种会模仿声音的鸟。乌鸦、渡鸦也能做到这一点。它们像鹦鹉一样属于社会化的鸟类，和一大群同类共同生活，群体中每只鸟都对自己的地位心知肚明，这样它们彼此交流起来就会十分方便。鹦鹉与人类生活在一起时，它会把人类当作自己的家人。因为人类不能理解鹦鹉发出的普通声音，鹦鹉便会为了引起注意而模仿主人的声音。

222 羚牛的交流方式：声音、肢体语言和……尿液

羚牛又叫扭角羚，它们生活在喜马拉雅山脉。这种动物会以三种不同的方式相互沟通：声音、肢体语言和尿液。

在通常情况下羚牛都非常安静，它们总是站在一起不声不响地默默吃草。但如果等待时间足够长，你就会听到一些哼哼声或哨声。羚牛用自己的大鼻子发声，有时会发出一些号角般的乐声。偶尔你能见到它们把舌头从嘴里伸出来，发出大声的咆哮和怒吼。虽然这样子看起来有点滑稽，但此时你最好离它们远一点。雄性羚牛想展示自己的统治地位时，就会大声吼叫。羚牛妈妈会冲着自己的孩子高声呼唤，让它们来到自己身边。如果附近有危险，它就会发出类似于咳嗽的警报声。牛群中的其他同类听到这种声音，便知道自己必须在灌木丛中藏好了。

羚牛还会使用肢体语言清晰地表达自己的意思。雄性羚牛有时会站在另一头雄性旁边，以证明自己的体形更大。它会抬高自己的下巴，表示自己不是好惹的。如果一头羚牛低着头盯着你看，说明它并没抱着什么善意，而且已经做好了发起攻击的准备。

羚牛主要使用尿液表明自己想要交配。羚牛的尿液中含有一种“信息素”，这种物质的气味会清晰地传递对异性的吸引力。雄性羚牛会在自己的前腿、胸部和头部下方留下尿液，而

雌性则会把自己的尾巴尿湿。你可能觉得这种习惯很不卫生，但这对羚牛来说是一种很正常的行为。

羚牛

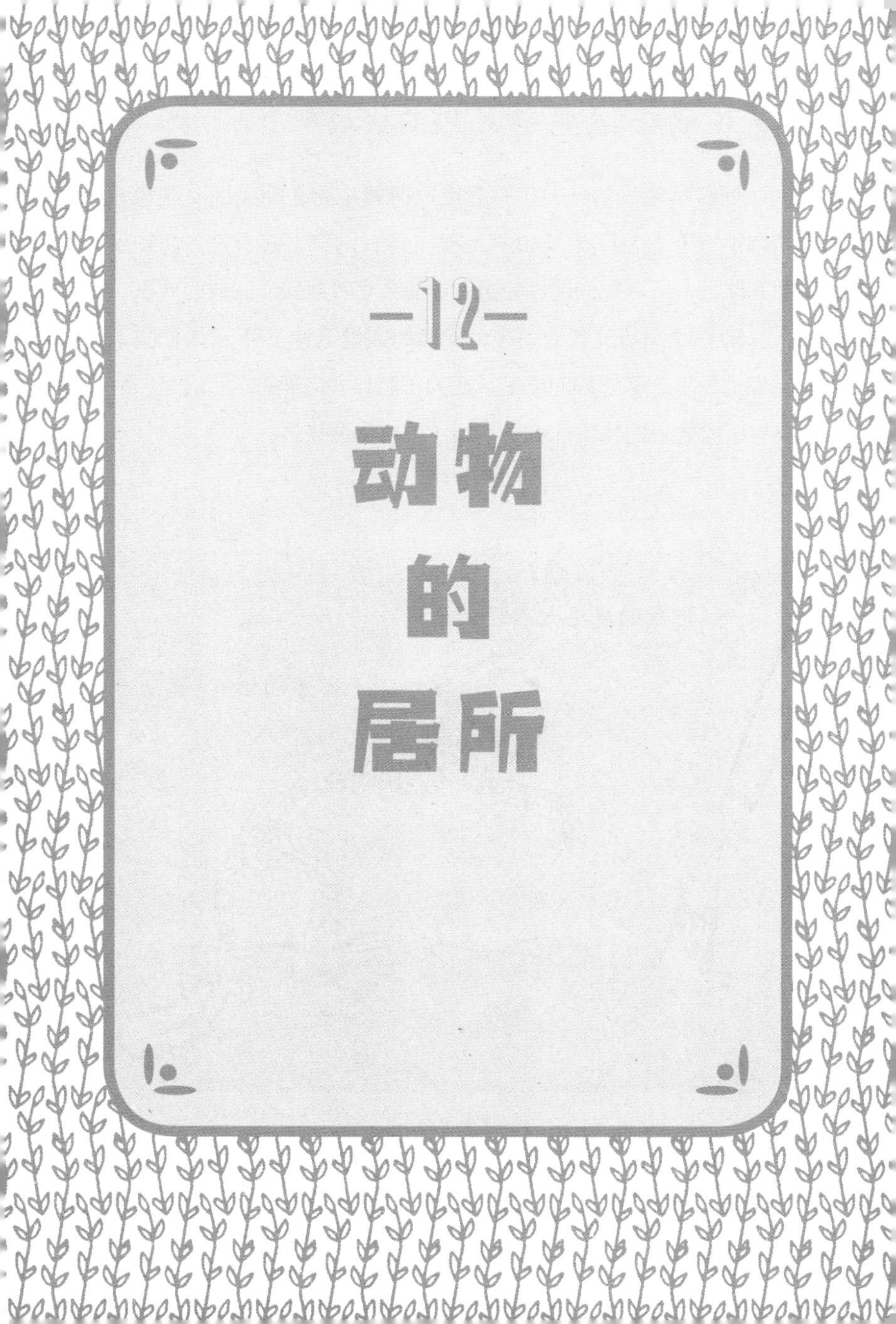

—12—

动物的居所

223 河狸堡垒的入口在水下

据科学家们估计，曾有数亿只**河狸**生活在北美洲，这意味着每平方千米大约就有 40 只河狸。除此之外，还有许多河狸生活在欧洲，所以我们远古的祖先可能会穿着河狸皮制成的大衣。

随着欧洲殖民者的到来，河狸的数量迅速下降。人们猎杀它们是为了获得它们的皮毛，还为了制作“海狸香”。这是一种具有医疗效果的物质，也用于制作香料和调味料。

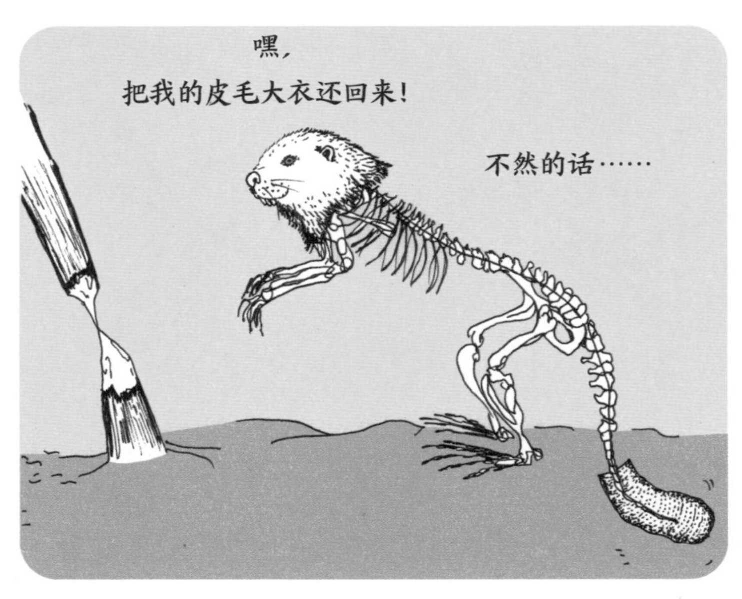

僵尸河狸

河狸堡垒

此外，我们知道河狸对生态系统非常重要。河狸的堤坝可以将自然景观完全改变，但它们也是蛙类、啮齿动物、昆虫、鸟类和鱼类等其他动物的家园。这些水坝可以过滤水，使水变得更加清洁，上面腐烂的树叶和树枝对土壤来说也是很好的营养物质。

河狸的堤坝和堡垒简直是建筑瑰宝。堡垒是河狸的家，它们总是一家人住在一起。为了免受捕食者的侵扰，河狸会把堡垒的入口建在水下。为此必须使水位始终保持平衡，于是堤坝便派上了用场。河狸用锋利的牙齿飞速啃下木头，使用树干和树枝建造大坝。它们还会在堤坝上涂抹泥浆，增强堤坝的防水性能。它们可真是出色的伐木工和建筑师！

224 龟壳的大小总是刚刚好

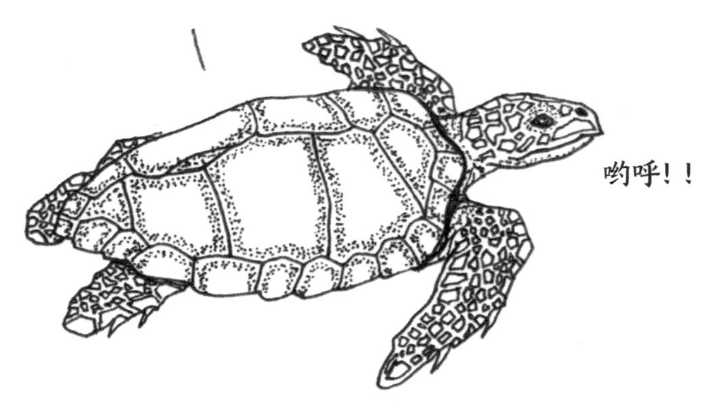

龟是世界上最古老的爬行动物之一。它们的历史可以追溯到2亿年前，那时地球上还生活着恐龙呢。

龟甲由大约60块骨头制成的骨架和上面覆盖的小片构成。顶部的龟甲叫作背甲，底部的龟甲叫作腹甲，上面的小片叫作盾片。它们由角蛋白构成，你的指甲也是由这种物质构成的。龟甲紧紧附着在龟的身体上，所以龟并不能从里面爬出来。龟甲会随着龟的身体一起长大，所以它的大小总是合适的。

无论是水中还是陆地上，到处都能找到龟的身影。它们生活在除南极洲以外的所有大陆上。

住在水中的海龟有着流线型的身体和适合游泳的腿。海龟只有要去沙滩上产卵时才会从水里爬出来。淡水龟平时生活在湖泊和池塘中，它们经常爬出水面，在岸边享受日光浴。

陆龟的腿更加粗壮结实，适合爬行。如果天气特别热，它们就会在地上挖一个洞藏进去。

龟的速度真的像传说中那么慢吗？通常情况下确实如此，因为它们可以在遇到攻击者时缩进壳里。不过有些种类的龟也能在遭到攻击时以很快的速度逃走。

225 1500 万只蝙蝠一个洞

世界上最大的**蝙蝠**群生活在得克萨斯州的布拉肯洞穴（Bracken Cave）中。巨大的无尾蝠群会专门来到这个洞穴生儿育女。只有怀孕的雌性蝙蝠才会进入洞穴，数百万只蝙蝠一起挤在岩壁上。到了 6 月，每只蝙蝠都会生下一个宝宝，于是洞里的蝙蝠数量会在几天之内翻一番，此时大约有 1500 万只蝙蝠挂在岩壁上。蝙蝠宝宝出生后一小时内，脐带仍与母体相连，

布拉肯洞穴中的无尾蝠群

与母亲借这段时间熟悉彼此的气味和声音。然后蝙蝠宝宝会被送到“幼儿园”，它们紧紧地挤在一起，每平方米有大约 5000 只新生蝙蝠！

随着黄昏来临，数百万只蝙蝠离开洞穴寻找昆虫。蝙蝠妈妈吃饱肚子后回到洞穴，并立刻在巨大的“幼儿园”里找到自己的孩子。它每天都会给蝙蝠宝宝喂两次奶。

4 周后，新生蝙蝠们开始第一次尝试飞行。它们离开地面后飞行几米，完成一个完美的空翻，再降落到自己之前的位置。通常情况下一切都会很顺利，但有时也会发生意外：无论是撞上其他蝙蝠宝宝，还是突然落到地面，都可能对蝙蝠产生致命的伤害。洞穴里生活着成千上万只饥饿的食肉甲虫，它们瞬间就会把这些可怜的小蝙蝠连皮带毛吃得干干净净。大约一半的蝙蝠宝宝都活不过一岁。

7 月，新生蝙蝠第一次和妈妈一起捕食昆虫。它们会像小型鱼雷似的飞过天空，来一场空中杂技巡演。

226 横跨河流的巨网

你是不是觉得撞上蜘蛛网是一件很可怕的事情，因为那东西会粘在身上（当然，你还会害怕**蜘蛛**爬到你的身上）？

人们在马达加斯加的雨林中发现了一种蜘蛛，它编织的网横跨了整条河流。这张网总横幅可达25米，直径可达3米，尺寸确实非常惊人！你可能马上会想到：织出这么大一张网的蜘蛛肯定有着巨大的体形，然而事实并非如此！大网的主人其实是**达尔文树皮蜘蛛**，这种小蜘蛛雌性的体长1.8~2.2厘米，仅重0.5克，而雄蛛的体重甚至只有雌蛛的十分之一。

奇怪的是，直到一个生物学家组成的国际团队于2010年看到一张横穿纳穆鲁纳河的大网时，这种蜘蛛才被人们发现。织网时，雌蛛首先吐出长长的蛛丝，然后被风带到河对岸，再把蛛丝固定在那里。接着，它会爬到蛛丝中间，开始编织那张巨大的网。达尔文树皮蜘蛛的蛛丝比其他蜘蛛的蛛丝更加牢固，因此它可以用这种蛛丝捕捉一些飞过水面的大昆虫，比如蜻蜓。其他蜘蛛都做不到这一点，所以它总是能吃到很多富含能量的食物。

如果一只大昆虫飞到网上，雌蛛会需要一些时间把网复原。你问我雄蛛在干吗？它正藏在植物中间，欣赏着雌蛛的奇妙作品呢……

哦，不！
我们要撞到上面了！

227 白蚁的摩天大楼（里面还装着空调！）

白蚁看起来有点像蚂蚁，但它们是白色和无色的，而且在科学分类上，蚂蚁属于膜翅目，白蚁属于蜚蠊目。白蚁平均可以长到 2 厘米，它们的蚁后甚至可以长到 10 厘米。

数百万只白蚁共同生活在一片大型领地中，它们的巢穴有着各种不同的形状、大小和类型。这种令人印象深刻的建筑由沙子、粪便和唾液建造而成。有些白蚁的巢穴简直是一个巨大的城堡，里面有一个供蚁王和蚁后休息的卧室，一些用于照顾蚁卵和幼蚁的房间，一个甚至可以容纳成年人类的大厅，一些真菌农场，还有许多其他大大小小的房间。

白蚁生活在夜里很冷白天却极为炎热的地区，比如沙漠。这种超级聪明的小动物会选择在地下筑巢，因为那里的温度波动较小。但是沙子深处的氧气较少，而对于数百万只白蚁来说充足的氧气十分重要，因此它们建立起了一个非常智能的“空调系统”。它们在巢穴上方建造了一个巨大的塔楼，新鲜空气可以通过这里流入和流出。塔楼里还有许多很小的孔，空气可以通过这些小孔流经天花板，流向地下巢穴。

这还不算完呢！白蚁还会在巨大的巢穴中培养真菌作为食物。如果温度过高，真菌就会变干，所以白蚁在塔楼下面建造了巨大的地下室，里面有走廊，通向埋在地下深处的水。它们从那里取得新鲜的泥浆，把它粘在真菌上方的区域。这样真菌就会保持湿润，而且随着泥浆中的水不断蒸发，温度也会进一步降低。

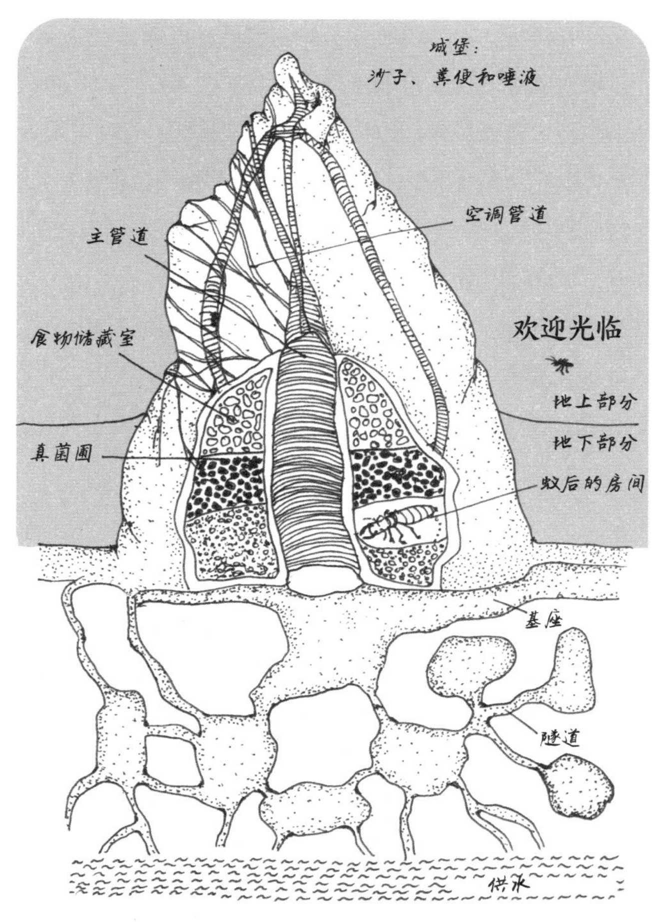

白蚁的巢穴

228 啄木鸟筑巢时戴着安全帽

你有时会看到**啄木鸟**站在树干上，以极快的速度用喙敲击着木头。事实上，啄木鸟啄木头的速度可达每秒 20 次！我们人类要是敢这么撞一次，可能就得进医院了。但是啄木鸟有着吸收冲击的特殊装备：它们的颈部肌肉非常强壮，脊柱也很灵活；它们头骨中的脑脊液很少，因此频繁的震动也不会损伤它们的大脑；它们的喙和前额之间还有一种海绵状的骨头，好像一个自行车头盔，可以吸收最强烈的震动。

啄木鸟在树上凿洞，在树洞里筑巢。筑巢的过程需要 2~3 周，雄鸟和雌鸟会使用自己的“钻孔机”，共同完成这项工程。这个洞会被连续使用多年，但啄木鸟并不会把它布置得特别舒适，它们只会把蛋简单地放在木屑上。

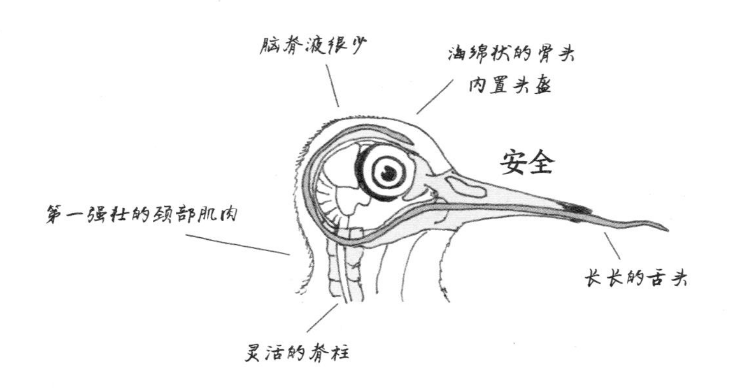

啄木鸟不太擅长唱歌，只会发出一些叽叽喳喳的声音。当它们想向彼此传达一些信息时，它们就会敲击一切可以发出声音的东西，可能是树木，也可能是杆子、烟囱、落水管或废物箱。它们可以通过这种方式发出巨大的噪声。

啄木鸟还会用喙凿击鸟巢箱和燕窝，或者在树上打孔，把昆虫弄出来。它们长长的舌头蜷在脑袋里[1]。每当看到树里或者树上的昆虫，啄木鸟就会伸出舌头，用上面的倒钩钩住猎物，把它吞入腹中。真是一种技术高超的鸟！

---

[1] 啄木鸟的舌自头骨后绕过，从鼻孔达到喙尖，这种特化结构可使舌伸出很长，并能伸缩，尖端列生短钩，适于钩食树木内的蛀虫。

229 轻盈柔韧却坚固无比的蜘蛛网

长久以来，科学家一直为**蜘蛛**编织的网而着迷。构成蛛网的材料具有令人难以置信的柔韧性，同时又非常轻盈和坚固。它比钢铁更牢固，又比皮筋更有弹性，对于制作防弹背心等物品来说是一种非常理想的选择。

而且蛛网的形状也使其更加牢固。就算蛛网上的一条或几条丝在某处断开了，整个蛛网也会保持完整，它的形状也几乎不会发生任何改变。如果空中飞行的昆虫撞到蛛网，就会对网造成一定程度的破坏，但蜘蛛仍然可以把它修复好。

蜘蛛体内不同的腺体可以分泌出几种不同类型的蛛丝。它们用有黏性的蛛丝捕捉猎物，这种丝位于蛛网的中央，具有非常好的弹性。还有一种丝是没有黏性的，蜘蛛会用这种丝加固蛛网。如果蛛网已经不可能复原了，蜘蛛就会把它吃掉，把蛛丝回收起来以编织新的蛛网。

难怪科学家们会努力研发人造蛛丝。纯天然的蛛丝具有更优越的性能，可惜人们不可能收集足够的天然蛛丝来制作各种各样的东西，所以科学家们又往前迈进了一步。他们把蜘蛛织丝的基因与山羊的基因相结合，从而培育出转基因山羊。转基因山羊的羊奶中可以含与蜘蛛丝中相似的高蛋白，将其进一步提取之后用于制作各种各样的材料。这些材料未来可能用于制作防弹背心、安全气囊或头盔等物品。外科医生也可能用到这种物质制成的人造肌腱或交叉韧带。现在你见识到一只小小的蜘蛛可以教会我们多少东西了吧！

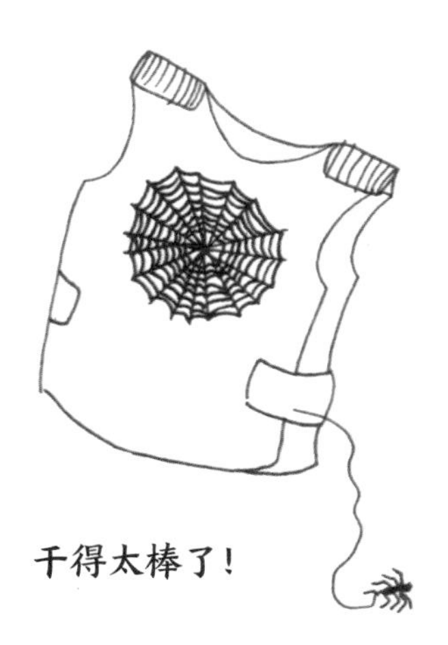

230 欢迎来到獾的城堡

◎ **獾**是一种夜行动物，你平时几乎看不到它的身影。白天它总是舒舒服服地待在自己的城堡里。它的城堡常常是一座真正的宫殿，里面有好几层，还有许多被长廊连在一起的房间。城堡周围有幼崽们的游乐场，还有厕所和树木。到了秋天，獾就会进行大扫除，更换用来睡觉的干草和蕨类植物。正如人类中的贵族一般，这座城堡会在獾的家族中代代相传。獾也不介意和老鼠、穴兔、欧洲鼬、石貂或狐狸一起分享自己的城堡。有时，狐狸的幼崽甚至还会和獾宝宝们一起玩耍。

◎ 獾那小小的黑色头部上面有着白色的条纹，后背是灰色的，看起来特别可爱。它几乎看见什么就吃什么：蚯蚓、毛虫、甲虫、（昆虫的）幼虫、果实、谷物，甚至还吃鸟蛋或幼鼠。它也只能什么都吃，因为它四处搜寻食物时总是发出很大的噪声，大多数动物在被它发现之前就逃之夭夭了。

◎ 獾的家族被称为“氏族”，由成年獾、当年出生的孩子和前一年出生的孩子共同组成。来自同一个家族的獾会把臀部贴在一起，交换彼此的气味，就像盖章一样。这样每个家族都会有自己独特的气味，獾可以通过这种气味辨别谁是家人，谁是入侵者。

獾的堡垒

231 大猩猩每晚都睡在不同的床上

如果科学家们想知道一个地区有多少只**大猩猩**，他们会计算巢穴的数量，因为巢穴比大猩猩更容易找到。

大猩猩在地面上或树上筑巢。它们会使用长着很多叶子的树枝，以使床尽可能地柔软一些。每只大猩猩都有自己的床，只有幼崽才会和自己的妈妈一起睡觉，直到它们大约 3 岁时才开始单独睡。

到了早上，大猩猩便会离开营地，继续出发寻找食物。它们是真正的游牧民族，几乎不会在同一个地方睡两次。

旅行的大猩猩

大猩猩的巢穴可以为科学家们提供很多关于这种动物的信息。例如，研究人员可以估计群体的大小和大猩猩的健康状况。为此，他们会检查在巢穴中发现的毛发和巢穴周围的粪便。

一个群体通常包含大约10只大猩猩。其中一只雄猩猩是首领，还有数只雌性以及幼崽，有时也会有年轻的雄猩猩。群体中的每只大猩猩都能悠然自得地生活。首领有时会冲向另一只雄猩猩或者捶打自己的胸口以表示恐吓，除此之外，它们一般都很冷静。你可以通过首领背上灰色的毛发认出它来。首领有解决群内冲突，确保族群和睦共处的责任。

不幸的是，大猩猩的数量已经没有以前那么多了，所有的大猩猩亚种均被列入了世界自然保护联盟的红色名录。

232 水蛛住在水下

你可能觉得**水蛛**住在水下是理所应当的，但其实这并非那么“理所应当”，因为蜘蛛需要氧气才能存活，而大多数蜘蛛都不喜欢水。

只有水蛛有所不同，它一生都生活在水中。水蛛也是我们所知的唯一一种在水下生活的蜘蛛。这种蜘蛛会编织一个特殊的网，并用一些额外的丝线固定在水生植物上。此外还有一些特殊的丝线通向水面，水蛛会沿着这些细线攀爬，把自己的身体后部伸出水面。它会用这种方式收集氧气泡，把气泡小心翼翼地放在后腿之间的绒毛上，再把它们放到蛛网上。蛛网上的许多小气泡形成了一个大的气泡，蜘蛛可以在里面生活。也就是说，它为自己制造了一种迷你潜艇。

水蛛的网也十分特别。它的功能就像鳃一样，可以提取溶于水中的氧气。只要水蛛不消耗太多能量，这种氧气供应便足以让它在水中停留一天。

水蜘蛛生活在欧洲和亚洲的池塘、湖泊和流动缓慢的水中，一生都在水下度过。无论是交配产卵，还是捕食猎物，都是在它那奇特的潜水艇上进行的。

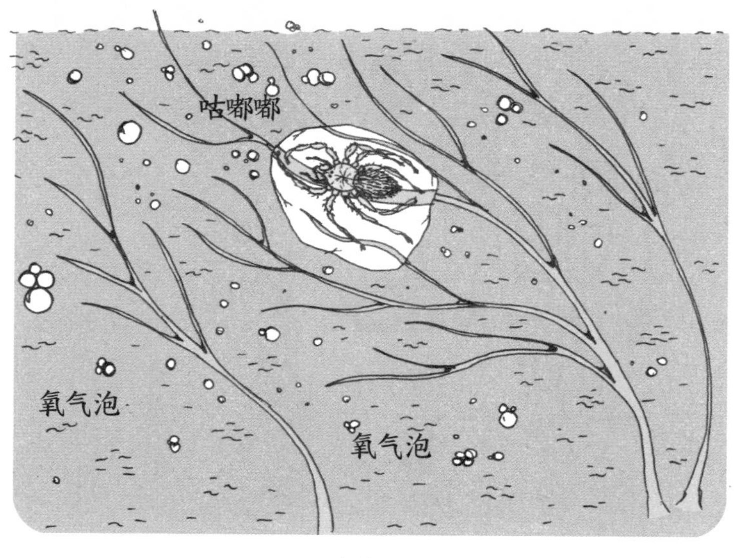

水蛛

233 疣猪会擅自闯入土豚的家

疣猪

疣猪可能永远不会成为选美比赛中的赢家。正如它们的名字所说的那样，它们是猪的亲戚，头上还长着让人联想到疣的肿块。其实这些疣是厚厚的皮肤，当雄性在交配季节相互争斗时可以用来保护它们的头部。

除了后背上的一道鬃毛和尾巴末端的一撮滑稽的“小刷子”之外，疣猪的毛发很少。这种动物主要生活在非洲，住在土豚的洞穴中，也就是说它们会“私闯民宅”。不过疣猪并不会和土豚争斗抢夺洞穴，而是等到洞穴空置后再搬进去。

疣猪以浆果、树皮、草、块茎植物为食。在食物非常短缺时，它们也会吃些腐肉。它们不会自己捕杀猎物，而是吃掉其他动物留下的猎物的尸体，或者试图捕捉一些蠕虫。

疣猪可以在没有水的情况下存活数月。一旦发现了水，它们就会立即钻进去凉快一会儿。它们还会在泥巴里到处翻滚，给自己洗澡并驱赶身上讨厌的虫子。有时它们还会获得牛椋鸟的帮助。这些鸟会落在疣猪背上，吃掉那些可恶的小虫子。当然啦，疣猪们会一边享受，一边唱一首“哈库拉·马塔塔”（电影《狮子王》主题音乐）。

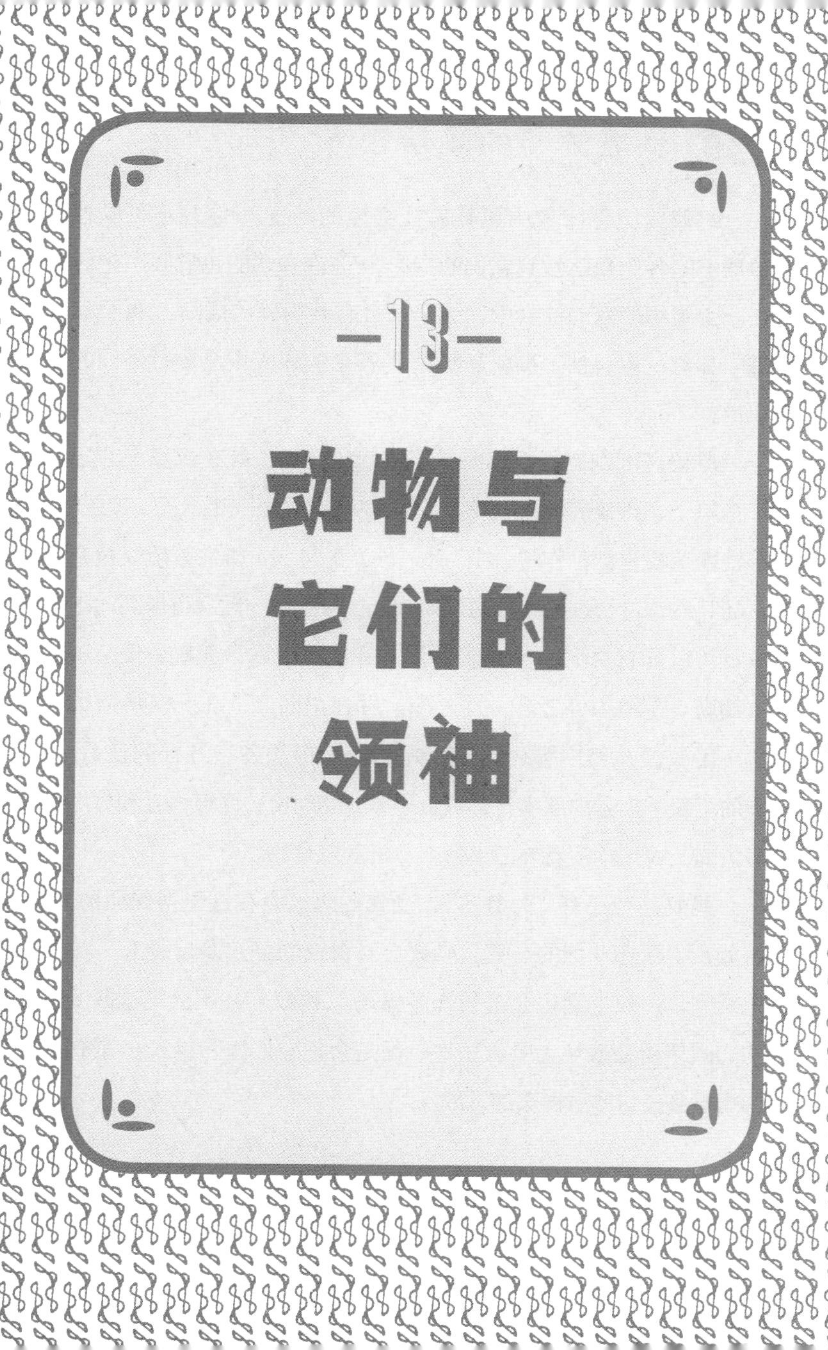

—13—

动物与它们的领袖

234 等级分明的蚂蚁世界

蚂蚁是比你想象中更具有社会性的动物。你几乎可以在地球上的各个角落找到它们的身影。许许多多的蚂蚁共同生活在一个组织严密的社会中，这个社会有着明确的规则。每个蚁群中都有一位领袖，那就是蚁后。其余的蚂蚁则会履行不同的职责。

雌蚁在刚刚离开蚁巢时是有翅膀的，当工蚁在蚁巢上开出许多口子，雄蚁和雌蚁便成群结队地钻出蚁巢飞上天空。这些雌性繁殖蚁也被称作“公主”，一旦公主起飞，雄性繁殖蚁就会紧随其后，这个过程被称为“婚飞”。与公主一起飞得最高的雄蚁就可以和它交配。当它们落地并完成交配后，新蚁后便会脱去翅膀。它在沙中挖出一个小室，并在里面产下几千枚卵。很快，工蚁便从卵中孵化出来，并迅速承担起各种各样的任务。有的工蚁承担着内部事务，负责照顾卵和幼虫；而最强壮和体形最大的工蚁则承担着外部事务，负责获取食物。

蚂蚁甚至还有“医务室”，受伤的蚂蚁会在这里得到照顾。例如，生活在非洲的马塔贝勒蚁会对白蚁的巢穴发起袭击。毫无疑问，白蚁士兵也会击伤许多蚂蚁。蚂蚁们并不会把这些受伤的同伴留在战场上听天由命，而是会把它们拖回巢穴。受伤的蚂蚁会在伤愈后再次加入战斗。

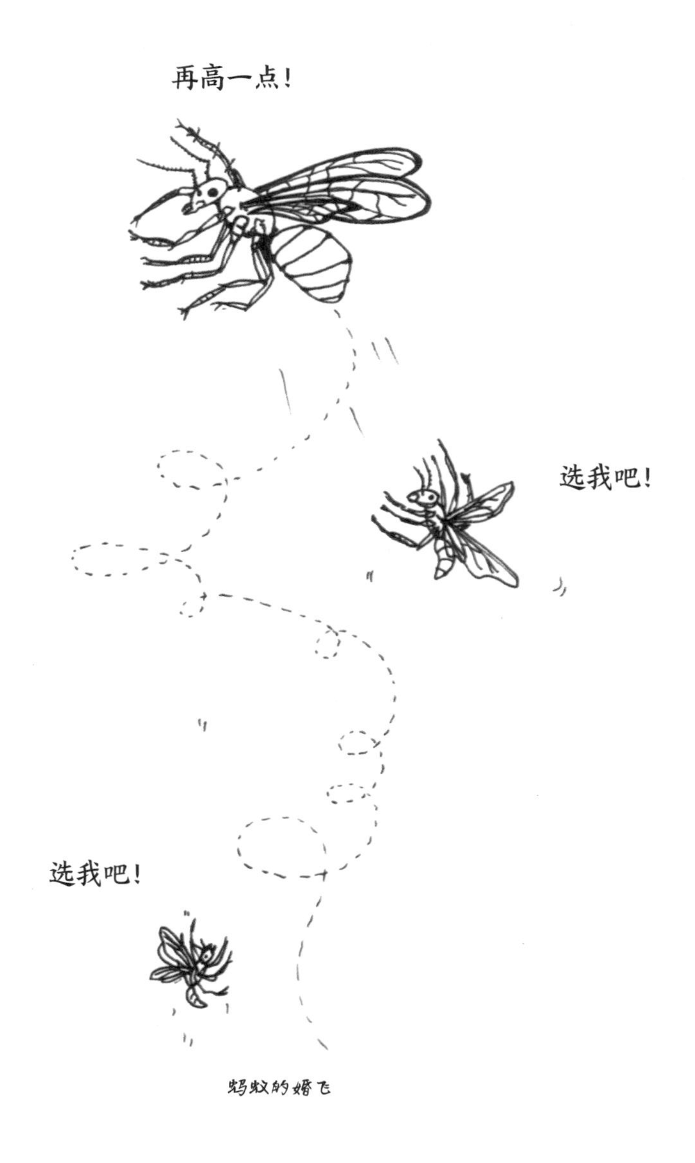

蚂蚁的婚飞

235 谁的蓝色更鲜艳，谁就是领导

如果有一个人类男孩的阴囊是蓝色的，这可能是个大麻烦。但是对于**枭面长尾猴**来说，雄性的蓝色阴囊正象征着它们的地位，蓝色越鲜艳，地位也就越高。这种猴子可以通过阴囊的颜色判断它们应该听谁的。雌性最欣赏长着亮蓝色屁股的雄性，并且愿意与之交配。

枭面长尾猴要付出许多努力才能获得权力

蓝色的阴囊确实有点奇怪，因为蓝色其实并不会出现在哺乳动物身上——它们不能自己制造这种色素。枭面长尾猴身上的蓝色来自丁达尔效应。实际上，它们的阴囊在红色背景下会呈现出棕色，但由于光发生瑞利散射，使这种阴囊看起来是蓝色的。枭面长尾猴可以自己控制屁股的颜色变得多蓝。阴囊的湿润程度越低，蓝色越明亮，枭面长尾猴的等级就越高。枭面长尾猴的蓝色阴囊出现在青春期。从那时起，雄猴就可以试图借此在一群同伴中取得更高的威信了。

枭面长尾猴的特征不仅有蓝色的屁股，还有鼻子上那条竖直的白色条纹。它们兴奋时还会上下点头。顺便说一句，头部有水平条纹的猴子是左右摇头的。

236 驼鹿间的战斗是生死攸关的大事

如果你是拳击爱好者，你可能听说过“陪练”（sparring）这个词，陪练是许多搏击运动中常见的一种训练形式。他们会和对手练习打斗，但不会真的伤到对方，也不会将对方击倒。

雄性**驼鹿**就是这么做的。年轻的雄性驼鹿在群体中地位很低，它们会用鹿角互相推挤，偶尔也会寻衅打架。有时鹿角可能会断裂一小块，驼鹿也可能会受到轻伤，但并不会发生真正的战斗。这是年轻的雄性驼鹿在为之后的战斗而进行练习，不过这种练习仍然是文明克制的。

当雄性驼鹿长到几岁大并开始和雌性交配时，情况就大不相同了。在交配季节，体格健壮的雄性驼鹿会变成真正的战士，在战斗中用上自己的全部重量。交配季节时，雄性驼鹿的颈部肌肉会变成平时的两倍大。当另一头雄性驼鹿接近时，占优势地位的雄性驼鹿会在地面上刮擦，表示自己已经准备好战斗。它们会向对方展示自己的鹿角和身体，正如擂台上的拳击手有时会在战斗开始之前展示自己的身体一样。

雄性驼鹿间的战斗是生死攸关的大事，两头雄性驼鹿会将鹿角顶在一起，努力把对方击倒在地。如果其中一头倒在地上，它的对手就会试图用自己鹿角上锋利的尖端刺伤它，它们会尽最大努力伤害对方。失败者会溜走或被赶走，甚至在战斗中付出生命；获胜者则会赢得鹿群中的雌性。驼鹿之间的战斗是让人印象深刻却也十分可怕的场面。

为了赢得雌性，驼鹿会在战斗中拼尽全力

237 雄性大猩猩会边吃饭边哼唱

领头的雄性**大猩猩**进食时会发出轻轻的哼唱声。在吃东西时，它发出的“呐姆呐姆呐姆”声回荡在丛林中。德国研究人员在刚果针对一群低地大猩猩展开了研究，他们发现雄性大猩猩首领的哼唱声一方面是在表达自己对食物很满意，另一方面也是在向雌性大猩猩和幼崽告知进食时间。雌性和幼崽则不会发出声音，它们或许是为了避免吸引捕猎者而刻意保持安静。

大猩猩吃东西时会哼唱简短的美食小调。在动物园里，每只大猩猩都有自己的声音，过一段时间你就能分辨出是谁在唱歌。它们对食物越满意，唱的声音就越大。

野生大猩猩中的雄性首领经常会唱歌。这些歌谣的意思可能类似：“好啦，伙计们，现在我们吃饭吧，暂时停下休息一会儿，享受美食吧！”

大猩猩

238 击倒对方就是胜利！

袋鼠有很多种类，个头也大小不一。有小个子的鼠袋鼠，大小不到 50 厘米，重量不超过 3 千克；它们的大个子兄弟（确切地说是超大个儿兄弟）是红大袋鼠和东部灰大袋鼠，许多雄性大袋鼠的重量能够达到 80 千克。

大袋鼠是真正的战士。在袋鼠群中只有一位首领，只有它才有资格与雌性交配。

跳跃的红大袋鼠

拳击友谊赛

雄性首领会在几年内连续掌权。一段时间后，其他雄性就会试图篡权，接下来就会发生一场真正的自由搏击比赛。两只雄性袋鼠会用前肢互推，用后腿猛踢，同时用巨大的尾巴保持平衡。它们的后肢上长着锋利的爪，有时可以把对手开膛破肚。

战斗的胜利者会继任领袖，并赢得雌性袋鼠。因为袋鼠非常擅长拳击，有人会组织人类和袋鼠进行拳击比赛。这对袋鼠而言并不是什么好事，因为它们经常被放在恶劣的环境中，并因而变得精神紧张。动物权利组织正在竭尽所能禁止这类拳击比赛。

239 雄性斑鬣狗的成长有些艰难

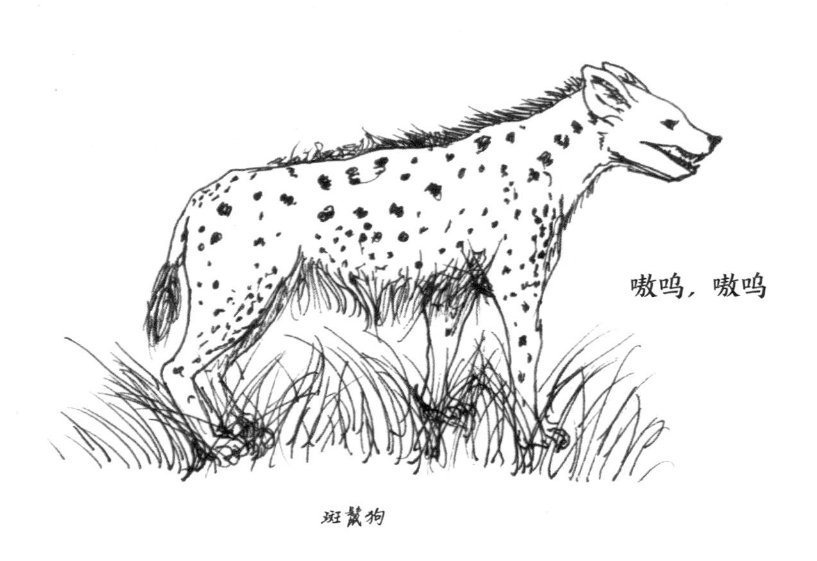

斑鬣狗

斑鬣狗的领袖是雌性。它们比雄性强壮得多，攻击性也更强。这是因为它们的血液中含有大量的睾酮，这种激素可以增强典型的雄性特征。有些雌性斑鬣狗甚至长着一种类似阴茎的结构，这个部位被称为“拟阴茎”，实际上是一个超大号的阴蒂。

雌性斑鬣狗并不是特别温柔的母亲，它们的幼崽经常在出生时便由于各种并发症而死亡了，剩下的幼崽则必须互相争斗才能获得食物。因为斑鬣狗妈妈只有两个乳头，这意味着它只能哺育两只幼崽，不够强壮的幼崽经常因为食物不足而死掉。

雄性斑鬣狗两岁时就会被驱逐出群，不得不去寻找一个新的鬣狗群。这个过程并不轻松，因为它们需要获得雌性领袖的准许才能加入群体，在此之前它们不得不进行激烈的战斗，因为雌性领袖需要弄清新成员是什么样的家伙，并了解它的体格是否足够强壮。

240 鸡舍的首领（或许不是真正的首领……）

这种动物的拉丁学名是 Gallus gallus domesticus，听起来是不是比“**鸡**”这个中文名字酷多了？不难发现，公鸡就是鸡舍中的领袖。它的尾巴上长满了长长的彩色羽毛，头上有大红色的鸡冠，喙下面还有鲜艳的肉垂，十分引人注目。

每当公鸡张开喙，它那响亮的“喔喔喔”声便传遍了院子。当第一缕曙光照亮大地，公鸡就开始打鸣，于是农民便知道起床的时间到了。不过公鸡并不仅仅在黎明时打鸣，它们其实整天都会打鸣。一切都能引起公鸡打鸣：一辆路过的汽车、一只太靠近鸡舍的猫、一只在某处吠叫的狗。它们会进行某种“比赛”，比比谁的声音更大。

有时公鸡会发出一些其他的声音。例如，如果另一只公鸡太过靠近它的母鸡，公鸡就会发出怒吼。但它通常一边四处走动，一边喔喔叫。

为了吸引母鸡，公鸡会从地上啄起食物再放下，同时发出咯咯的叫声。如果它经常这样做，就能赢得母鸡的青睐，母鸡就会更愿意与它交配。

如果一只“啄食榜”上位次较低的公鸡仍和一只母鸡成功交配了，母鸡也可以自行决定是否为这只公鸡生下小鸡。如果它不喜欢这只公鸡，它就会把这只公鸡的精子排出体外。或许公鸡觉得自己是鸡舍的首领，可是归根结底还是母鸡说了算……

打鸣时间

03：00
04：15
05：27
06：10
07：45
暂停
08：00
11：02
……

241 熊狸闻起来像香喷喷的爆米花

想象一下：你在穿越丛林或雨林时突然闻到了一股爆米花的味道。这真是太奇怪了，因为你知道附近是不可能有电影院的。

或许你此时已经踏入了**熊狸**的领地。这种动物生活在东南亚的丛林和雨林中，平时居住在高高的树梢上。熊狸的尾巴下面有一个腺体，那里会排出油性的液体。这种液体闻起来像新

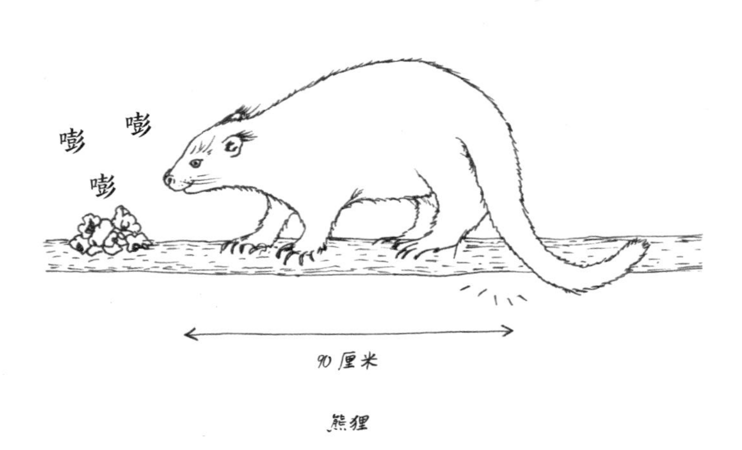

熊狸

鲜的奶油爆米花。熊狸会到处散布这种带气味的物质，从而向其他熊狸宣告这里是自己的地盘，或者向雌性表达交配的意愿。

但是你并不会经常看到熊狸。它们喜欢坐在树的高处，在那里寻找水果，捕食小型哺乳动物（如啮齿动物等）、爬行动物和昆虫。熊狸的体长（指不包含尾巴的长度）可达 90 厘米，体重可达 14 千克。它的尾长也可能达到 90 厘米。这么重的身体使熊狸很难从一棵树跳到另一棵树，但它非常擅长攀爬。用它那锋利的爪子和如同第五只手的尾巴，熊狸可以在树干上飞速爬上爬下。当它头朝下从树上爬下来时，它甚至可以把自己的脚踝完全转到后面，以便把自己牢牢固定在树上。

熊狸的头看起来有点像猫的头，上面还长着硬硬的白色胡须。但是它走起路来像一头熊，因为它会整个脚掌着地，左右腿交替前进。

242 守护王后的盲人士兵

白蚁看起来像白色的蚂蚁，但它们其实是蟑螂的亲戚。数百万只白蚁共同生活在一个庞大的巢穴中，它们的头领是蚁王和蚁后，这对夫妇一生都生活在一起。蚁后的体形很大，有时甚至比其他白蚁大 100 倍，这是因为它需要不断产卵。蚁后一天能产下多达 3 万颗卵。

白蚁士兵负责保卫巢穴。它们会使用非常独特的武器驱赶攻击者，保卫自己亲爱的蚁后。白蚁士兵的眼睛早已退化，它们完全依赖触觉和自己收到的化学信号来行动。不同种类的白蚁也有着不同的战斗方式。

有些白蚁士兵有着发达的大颚，它们会死死咬住对方；还有些白蚁士兵会使用一种化学武器，它们从额腺中喷出一种黏稠物质，敌人一旦碰到这种物质就会动弹不得。

有些白蚁士兵还有更多的战斗招式，它们会紧紧咬住敌人不松口，并向敌人体内注射一种叫作“萘”的物质，这种物质被用作杀虫剂，可以杀死攻击者。白蚁士兵在这种致命的叮咬中失去了过多能量，无力再张开自己的上下颚，于是就这么死掉了。

白蚁军团的强大力量主要来自白蚁庞大的数量。数百万的白蚁士兵守卫着堡垒，抵御入侵者的攻击。一只白蚁本身并不算多么强大，但它们数量众多又不畏赴死。也难怪它们能生生不息，在地球上存活了两亿多年。

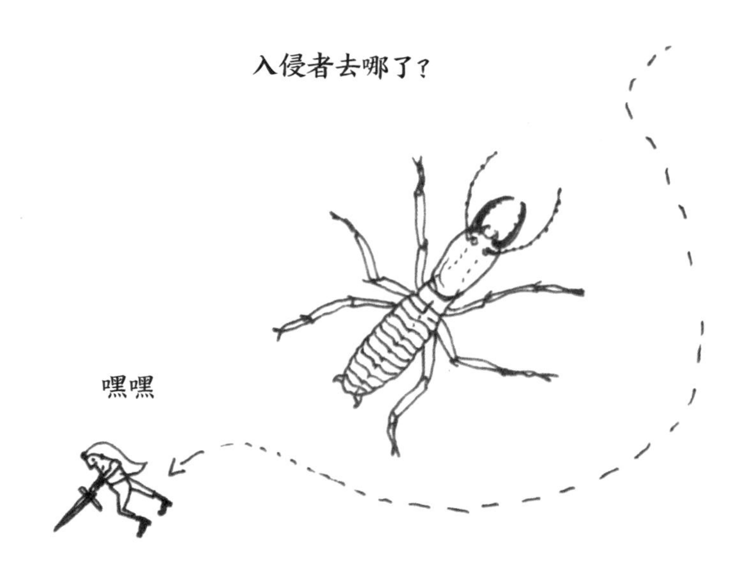

在白蚁王国中依赖触觉战斗

243 环尾狐猴的臭气弹大战

环尾狐猴是一种美丽的动物。这些猴子有着灵活的身体和可爱的头部，但最特别的还是它们那布满黑白条纹的长尾巴。环尾狐猴四处走动时，会把尾巴高高竖起。当一群环尾狐猴走在一起时，每条尾巴都像是长长的天线立在空中，形成了一幅十分奇特的景象。

环尾狐猴的尾巴下面有一个腺体，会分泌出带有气味的物质。它们会用这种气味宣告自己对领土的主权。此外，雄性之间还会进行“臭气战”。战斗中的两只雄性环尾狐猴面对面站着，带着最凶狠的表情怒视对方。它们把尾巴浸入从腺体流出的气味物质中，并把臭气向另一只雄性身上挥动。就这样，两只环尾狐猴互相朝着对方投掷臭气弹，直到其中一只落败而逃。

研究人员发现，环尾狐猴还会使用这种方法向雌性展示自己有多么勇敢。一只雄性来到一群环尾狐猴之间，向着雌性挥动自己臭烘烘的尾巴，疯狂地用臭味调情。这种行为通常会激起其他环尾狐猴的不满，便会对它发动攻击。环尾狐猴们会在战斗中使用自己锋利的牙齿和爪子，因此战斗状况可能十分惨烈。有时雌性环尾狐猴也会冲着来调情的雄性环尾狐猴的鼻子狠狠打一巴掌。所以说，雄性环尾狐猴想吸引雌性确实是个非常艰难的任务……

环尾狐猴

244 大象奶奶领导象群

象群的领袖——大象奶奶

大象的领导是象群中最年长的雌象，它被称为“女族长”。象群的其他成员由这头雌象的女儿、侄女和外甥女、孙女和孙子组成。

雄象 10 岁前可以留在象群中，等到它们的年龄足够大了，就要离开象群。它们独自生活，或者和其他几头雄象一起行动。它们只有在交配时才能靠近象群。

不过，为什么大象奶奶会成为象群的首领呢？这是因为它是这群大象中经验最丰富的一头。大象的记忆力非常好，比如它们可以记住谁是朋友，谁是敌人。除此之外，大象奶奶还可以记住在干旱期间寻找食物和水的最佳位置。它的经验非常丰富，甚至可以判断出咆哮的声音来自一头狮子，还是一群狮子。更厉害的大象奶奶还能分辨雄狮和雌狮的吼声，它知道雄狮更加危险。大象奶奶年纪越大，越能更好地率领象群。

大象奶奶不需要负责哺育小象，这样它就有更多时间来照顾象群中的其他成员了。

—14—

动物的家庭

245 火鸡的兄弟情

◎ 你有哥哥或弟弟吗？你们无疑会相亲相爱，但你们肯定从来没有考虑过一生都住在一起。

◎ **野生火鸡**兄弟会彼此相伴终生。它们会在成年之前的冬天互相争斗，比比谁是最强大的火鸡，获胜者就会成为领袖。它的兄弟必须和它一起向雌火鸡炫耀自己的羽毛，从而帮助它吸引来配偶，但这些兄弟自己并不会和雌性交配。除此之外，它们还要负责驱赶其他情敌。

◎ 雄火鸡比雌火鸡有着更加鲜艳丰富的色彩。它们的腿上有刺，胸前有肉垂。野生火鸡的典型雄性特征包括美丽的颜色、肉垂和肉冠。最能展现这些特征的雄火鸡通常能成为领袖。

◎ 火鸡肉十分美味，所以现在人类也饲养火鸡。你还可以在美国和加拿大的野外看到野生火鸡的身影。野生的火鸡很难捕获，它能够以每小时 45 千米的速度奔跑，而它飞行的速度甚至可以达到奔跑速度的两倍。

火鸡的爱情

246 非洲野犬会悉心照顾彼此

非洲野犬是真正的游牧民族，也就是说它们会为了寻找食物四处旅行。 它们结群生活，每群大约包含 8 只成年非洲野犬和 20 只幼崽。 你仍可以在坦桑尼亚、南非、博茨瓦纳或赞比亚等非洲国家那广阔的平原上看到这种动物，但是剩下的数量并不很多了。 当地人猎杀这些狗，以防它们伤害自己的家畜。 此外还有大量非洲野犬死于一些严重的疾病。

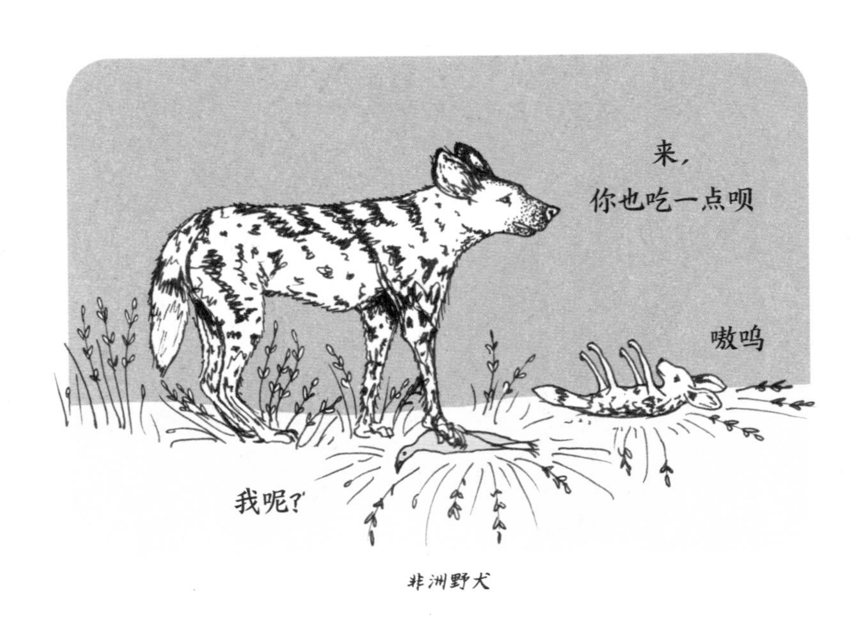

非洲野犬

一群非洲野犬可以轻松地吃掉一头角马、斑马或羚羊。它们会花上半个小时追捕猎物，并一起把猎物杀死。然后它们便饱餐一顿，吃掉猎物的内脏和肉，把皮、骨头和其他部分留给别的动物。

在非洲野犬的群体中，幼崽和生病的动物也可以吃得很好，这点非常特殊。其他物种通常情况下都是最大最强壮的动物先吃，幼崽只能吃剩下的食物。所以说非洲野犬对亲人非常好。它们会互相悉心照顾，而且几乎从不打架。

每只非洲野犬身上的色斑都是独一无二的，你可以通过这些色斑分辨它们。它们圆圆的耳朵是竖起来的，上面还长着黑色的绒毛，显得十分可爱。

你很难在野生动物园里见到非洲野犬的群体，因为它们吃得很多，可能会对动物园里的其他野生动物构成威胁。目前野外只剩下不到 7000 只非洲野犬了，而且它们的数量还在进一步下降，国际自然保护联盟（IUCN）红色名录将非洲野犬列为濒危物种。

247 水豚牌割草机

世界上最大的啮齿动物生活在南美洲，它就是**水豚**。成年水豚肩高 50~60 厘米，体长 106~134 厘米，重量在 35~66 千克之间。

你可能会说："我可不想看到一只像我家狗一样大的老鼠！"不必担心，水豚看起来超级可爱。它叫作"豚"（意思是小猪）是有原因的，这个名字非常适合它。水豚的体形圆润，长着短短的小腿，头部看起来像河狸或豚鼠的头，屁股上长着一条非常小的小尾巴。

水豚很喜欢水，它们是出色的游泳运动员。它们足部有蹼，可以帮助它们在水中快速移动。水豚游泳时会把耳朵向下紧贴在头上，这样水就不会进到耳朵里了。它们可以在水下屏住呼吸 5 分钟。有些水豚甚至会在水中睡觉，只把鼻子留在水面上。

水豚是食草动物，也就是说它们只吃植物。它们每天需要 3 千克绿色食品。水豚的进食习惯有点特别。当食物被消化后，一部分食物会转化为坚硬的黑色粪便，被水豚排出体外；但还有一部分会变成柔软的绿色粪便，这些粪便仍然充满营养，水豚会把它们再次吃掉。这种行为被称为"食粪"，在动物世界中十分常见，兔子也会这么做。

水豚是一种活泼的生物。通常情况下，10~20 只水豚会结为一群共同生活。但有时会有上百只水豚组成一个庞大的群体，

水豚

聚在一起快乐地“聊天”。它们快乐地发出咔嗒咔嗒声、咕噜咕噜声和口哨声。当遭遇危险时，它们又会发出像狗一样的吠叫声。水豚其实是一种很好的宠物——有它在，花园里的草就永远长不高了，这样你就再也不用割草了！

248 哭泣的海豹宝宝

伤心的海豹宝宝正在笨拙地前进

◎ **海豹**宝宝的眼睛大大的、鼓鼓的，看起来非常可爱。它们找不到妈妈时，就会发出令人心碎的哭泣声，所以荷兰人把它们称为“哭泣者”。

◎ 海豹妈妈只会在宝宝出生的头几周照顾它们。它们定期上岸，给宝宝喂奶。3周之后，它认为自己已经完成了任务，便不再管孩子了。小海豹必须自己学会到大海里捕鱼。

◎ 幸运的是，海豹一下水就立即可以游泳了。其实对它们来说，游泳比在陆地上前进要容易多了。海豹在水中的速度可以达到每小时 35 千米。它们用前肢转向，用后肢加速。而在陆地上，海豹只能用前肢拖着自己前进，速度每小时仅 2 千米。此时的海豹走起路来摇摇晃晃，样子十分笨拙。

◎ 海豹很擅长憋气，当海豹深深潜入水中时，它就会屏住呼吸。它睡觉时也会这么做，所以如果看到一只没有呼吸的海豹浮在水中，千万不要大惊小怪。

◎ 也许你曾看到过这样的景象：一只海豹躺着，把头和后肢伸到空中，好像它想模仿一只香蕉似的。海豹的身上有一层脂肪，有时可以达到 5 厘米厚。脂肪层可以帮助海豹漂浮，在食物不足的情况下补给营养，不过最主要的功能还是保暖。海豹的鳍状肢和头部没有这种脂肪层，所以它必须通过晒太阳来给这两个部位取暖。

249 袋鼠宝宝只有你的小手指大小

袋鼠是有袋动物。这意味着雌性袋鼠的腹部前方有一个小袋子，也就是育幼袋，这里面装着它的孩子。

袋鼠宝宝出生时并不比你的手指头大。它看起来像一个小胎儿：一条光秃秃的、长着腿的粉色小蠕虫。它用小小的前肢紧紧抓住妈妈的皮毛，然后整个儿钻进育幼袋里面。在那里，它很快开始吮吸乳汁，帮助自己顺利长大。大约31天的时间，它都会一直紧紧抓住妈妈的乳头不放。这之后它还需要成长很长一段时间。袋鼠宝宝直到9个月大的时候，才会偶尔离开这个小袋子。但它仍会和妈妈待在一起，吮吸母乳。

一旦宝宝钻进袋子里，袋鼠妈妈就会再次交配。它体内的卵子会受精，但几天后就会停止生长。只有当现在这个袋鼠宝宝从育幼袋里出来之后，另一个胚胎才会着床继续生长。

袋鼠的育幼袋里有些非常特别的地方，例如里面有4个分泌乳汁的乳头。但这其中有的提供刚出生的小婴儿所需的乳汁，有的提供大一点的宝宝所需的乳汁，两种乳汁的成分有所不同。孩子们十分清楚自己应该吮吸哪个乳头。

袋鼠妈妈经常同时照顾3个孩子：一个在肚子里，一个在它的育幼袋里，另一个快乐地蹦蹦跳跳，但仍然会找妈妈喝奶。

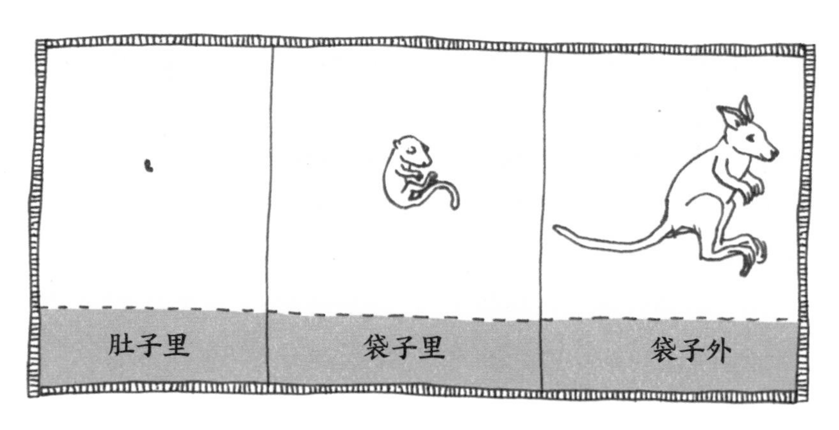

成长中的袋鼠

250 布谷！其实我不是你的宝宝……

大杜鹃妈妈愿意产卵，却不想自己抚养孩子，它便把蛋产在其他鸟的巢里，让别的鸟帮自己孵化和抚养幼鸟。有时杜鹃妈妈会等待另一只鸟离开巢穴，再把蛋悄悄藏在其他鸟蛋之间；有时它却没有这份耐心。大杜鹃长得有点像雀鹰——许多小型鸟类的捕食者，杜鹃妈妈会利用这种“伪装”把鸟从巢中逐出，然后自己舒舒服服地坐在巢里产卵。生物学家甚至发现，一些大杜鹃会在其他鸟还在巢里时就把自己的蛋也放进去，简直丝毫不知羞耻。

雌性杜鹃会确保自己的蛋与巢中的其他鸟蛋尽可能相似，不同的杜鹃会研究不同种类的鸟。有的杜鹃蛋像鹡鸰（jí líng）的蛋，有的像苇莺的蛋，还有的像岩鹨（liù）的蛋，等等。

雌性杜鹃通常会在把蛋放在其他鸟巢里之前吃掉几个其他的鸟蛋，这样能给自己的蛋腾出更多空间，还能防止这个多出来的蛋被别的鸟发现。

大杜鹃的幼鸟和它的妈妈一样粗鲁无礼。它孵化之后就会试图用背把其他幼鸟或未孵化的蛋拱出鸟巢。它的（养）父母十分重视这个孩子，总是把最肥的虫子留给它吃。这家伙长得很好，可惜没什么好心眼。

你长大啦

大杜鹃

251 貘宝宝看起来像长着腿的西瓜

貘是一种神奇的动物。在美洲生活着4种貘，还有一种貘生活在亚洲。

貘属学名是Tapirus，“tapir”在巴西葡萄牙语中的意思是“厚”，指的是这种可爱的动物那厚厚的皮肤。在泰国，这种动物被称为“P’som-sett”，意思是“混合物已经制作完毕”——当地人相信貘是由其他动物的各种部位拼接而成的。

人们于1750年发现了貘，这种动物外形像猪，长着和马一样的蹄子，它们与马和犀牛的关系最近。貘喜欢住在水边，因为它们每天都要洗澡。它们的鼻子是一个出色的“潜水通气管”，当貘游泳或在水下搜寻各种植物时，就可以把鼻子伸出水面呼吸。它们还会用鼻子摘下树上的叶子来吃。

小貘出生时皮肤上有白色的斑点，这使它们看起来有点像长着腿的西瓜。这些白色斑点是一种很好的伪装，可以帮它们避开各种掠食者，这些印记在成长过程中会逐渐褪去。有的貘通体是棕色的，也有的貘是黑色的，身上还有大片的白色，仿佛背上披了一条白色的“毯子”。

妈妈

我要跟不上啦……

哼哼

貘

252 用波点说话

◎ 马拉威湖，亦称尼亚萨湖，非洲南部大湖，位于东非大裂谷的最南端。长约 560 千米，最宽处约 75 千米，有些地方深达 700 多米。湖中生活着 700~1000 种**慈鲷**（diāo）。这些鱼像彩虹一般多彩，身上有着各种各样的条纹、波点或其他图案。雄鱼比雌鱼的颜色更加鲜艳明亮。

口孵

◎ 慈鲷能够通过变幻身体和头部的彩色斑点或条纹来相互沟通。例如，占统治地位的雄鱼有着最鲜亮的颜色。当这条雄鱼首领靠近其他的雄鱼时，其他雄鱼就会减弱自己的颜色。

◎ 大多数慈鲷都会“口孵”。鱼卵受精后，鱼妈妈或鱼爸爸就会把它们放入口中，直至鱼卵孵化。你可以看到含着鱼卵的慈鲷，或是长大一些的幼鱼在它们的喉部游动。只有当幼鱼长得足够大，可以独自生存时，它们才会游到外面去。

◎ 慈鲷比其他种类的鱼更能迅速适应环境。当人们把它们放生到某个地方（被厌倦了它们的水族馆老板抛弃）时，它们能够非常迅速和轻松地繁殖。这并不是什么好事，因为它们经常把原生鱼类赶走或杀死，然后泛滥成灾。

253 短吻鳄的雌雄全凭温度决定

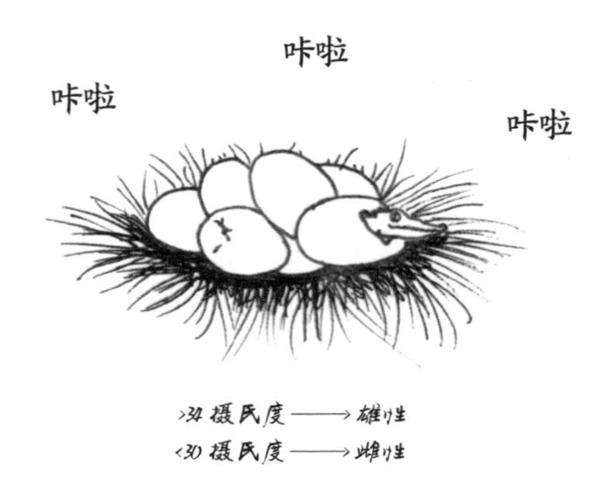

短吻鳄生活在美国和中国。[1] 它们比鳄的吻部更短、更宽。它们的嘴巴是 U 形的，上颚包着下颚，你可以通过这些特征认出它们。短吻鳄生活在淡水中。

成年的美洲短吻鳄一般长约 4 米，体重约 360 千克。与同等大小的其他动物相比，短吻鳄的大脑非常小，仅 8~9 克。因此它们更多地凭借直觉捕猎，这使得它们成为了超级危险的捕食者。

短吻鳄的性别取决于受精卵孵化时的温度。当孵化温度高于 34 摄氏度时，就会孵出雄性；当温度低于 30 摄氏度时，就会

[1] 鳄目下现存三科：短吻鳄科、鳄科、长吻鳄科。

孵出雌性。如果温度介于这两者之间，那么既有可能孵出雄性，也有可能孵出雌性。

当交配季节来临，雄性短吻鳄会大声叫喊以吸引雌性。这些声音使得雄性周围的水不断震动。它还会用头部击水，并吹出大大的泡泡。雌性被这些行为打动，便会和它交配。

一旦交配结束，短吻鳄妈妈们就会用树枝、树叶和泥浆在池塘边筑巢。过了一段时间，树叶开始腐烂并放出热量，这样巢穴就能保持温暖了。宝宝快要孵化时会在卵中发出很大的声音，短吻鳄妈妈会马上扒开盖在仔鳄身体上面的覆草等，帮助仔鳄爬出巢穴，并把它们引到水中。短吻鳄妈妈会照顾仔鳄一年的时间。

254 长着长颈鹿脖子的羚羊

在坦桑尼亚、肯尼亚、索马里、埃塞俄比亚和厄立特里亚等地的干旱平原上，生活着一种美丽的**羚羊**。它的腿高挑优美，脖子纤细修长，也正是因此，它被称为**长颈羚**。

这种羚羊的皮毛是浅棕色的，只有腹部是白色的。眼睛周围有一圈白色，这使它的眼睛看起来更大了。长颈羚的耳朵非常大，分别向外舒展。最后它的尾巴末端还有一些黑色的绒毛。即便是时装设计师也难以想象出如此美丽的动物。

长颈羚以植物为食，但它们不会吃低处的植物，会利用长颈或用后腿直立起来，取食高处的树叶。你很少能看到长颈羚喝水，因为它们已经从食物中获取了足够的水分。

长颈羚非常喜欢社交，它们总是互相帮助。因此，在当地人流传的故事中，它们总是被描述为“谦逊的女王”。美丽的动物，好听的头衔，的确十分相配。

长颈羚

255 九带犰狳总是四兄弟或四姐妹

九带犰狳仿佛是从科幻电影里走出来的生物。它们的背上有着坚固的盔甲，上面一般有7~11 条带子[1]。犰狳身体最前面是肩铠，可以保护身体的前部。中部有几条可以伸缩的带子。骨盆上还有臀铠，用以保护身体的后部。最后还有一条闪闪发亮的尾巴，看上去也是由许多彼此分开的甲块组成的。九带犰狳的盔甲上有一小点毛发，但这并不足以帮它在冬天保暖。犰狳不喜欢寒冷，如果温度过低，它们就会藏进自己的洞穴里。

犰狳的头上长着一些鳞片。它那大大的耳朵有点像一对角，使它看起来非常可爱。

科学家认为这种动物很有趣，不仅是因为它们的外表十分独特，还因为它们总会生出完全一样的四胞胎。同一窝的幼崽具有完全相同的遗传信息，并且总是同一种性别。

11~12 月是犰狳交配的季节，卵子会在这时受精。一段时间后，受精卵就会分裂为 4 个，每个都会发育成一只幼崽。120 天后，4 只小犰狳出生了，它们总是四姐妹或者四兄弟。

---

[1] 尽管九带犰狳典型的条带数量为 9 个，但实际数量会因地域而有所不同。

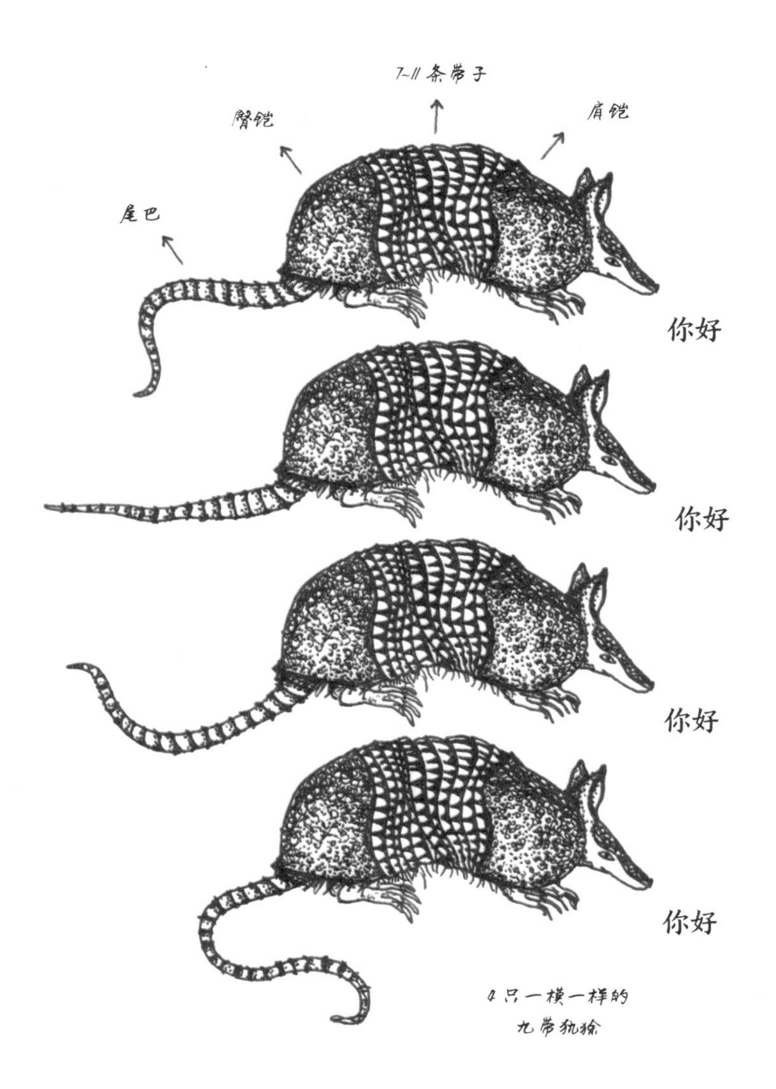
7~11条带子
臀铠
肩铠
尾巴
你好
你好
你好
你好
4只一模一样的
九带犰狳

256 老鼠喜欢一大家子住在一起

人类并不喜欢**老鼠**，许多人觉得老鼠是一种肮脏的生物，因为它们会传播各种疾病。然而这并不完全是事实。14 世纪时，把瘟疫传染给数百万人的罪魁祸首是黑鼠身上的跳蚤，而非黑鼠本身。

我们身边生活的老鼠通常是褐家鼠。它们非常喜欢人类，尤其是人类产生的垃圾。

到了晚上，“老鼠领队”会第一个从洞里出来。作为侦察员，它必须在几分钟内检查外面的情况。只有等它确认一切安全之后，其他的老鼠才会跟着出来。

老鼠对自己周围出现的新事物抱有强烈的怀疑态度，所以人们很难利用陷阱抓住它们。如果身边出现了新的物体，老鼠会很快察觉到它的存在，并离它远远的。抓住老鼠再把它扔到花园外面？这招也没什么用，因为老鼠会在经过的每个地方用尿液留下气味标记，因此它能迅速找到回来的路。如果你想把老鼠彻底赶走，你必须把它们放到离家至少 100 米以外的地方。

你可以养一只老鼠作为宠物，它们非常聪明，可以学会很多东西。不过，如果你把一雌一雄两只老鼠放在一起，你可要小心了——不知不觉间，它们就会变成一个庞大的老鼠家族！老鼠一年四季都在生孩子，平均每窝 7~12 只，一只雌性老鼠每年产上 5 窝小老鼠都是常事。请你算算看，一只雌性老鼠每年能生多少只小老鼠？

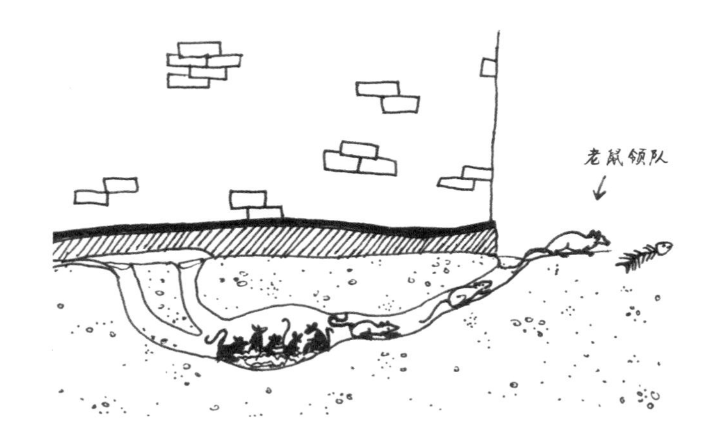

外面很安全！

257 一只有很多名字的大猫

美洲狮、山狮、美洲金猫、扑马……这些名字指的都是同一种大型猫科动物，它们生活在中美洲、南美洲和北美洲的西部。目前，美国大约生活着 3 万头美洲狮。这是一个大概的数字，因为美洲狮生性隐秘且独居，很少出现在人类面前。

美洲狮的学名是 *Puma concolor*，意思是“单色的猫”。美洲狮的幼崽在出生时身上是有斑点的，但它们 9 个月大时，这些斑点就会消失。幼崽大约 16 个月大时，它们的眼睛颜色也会从蓝色变为黄色。

美洲狮主要以松鼠、穴兔、羊、鹿为食，在饥饿时也会盗食家畜家禽，甚至也能对付犰狳、豪猪和臭鼬这样的动物。美洲狮如果捕到大型猎物，有时要花上三五天才能把猎物吃完，这时它们通常把猎物藏在灌木丛或者树上。

美洲狮是一种非常安静的动物，它们不会像它们的朋友老虎、狮子那样咆哮。只有当雌性美洲狮寻找雄狮交配时，才会发出大声的尖叫。

不幸的是，人类喜欢捕猎美洲狮当作战利品。这真的太糟糕了——在 20 世纪初，大部分美洲狮已经在北美洲东部地区绝迹了。

叫美洲狮还是山狮还是美洲金猫还是扑马……

258 今晚你会握住我的手吗?

水獭的运动本领十分高强。它们可以在水中飞速前进，如同在空中飞行的长矛一般。它们还喜欢绕着圈游动。下雪的时候，它们会用雪筑起通向水中的滑道，然后一起在上面滑行。

秘鲁水獭栖息在长满海草及海藻的石滩，它们喜欢巨浪及强风的环境，并不像其他水獭般喜欢平静的水面。睡觉时它们会漂在水面上，把自己裹在牢牢地长在水底的海藻里，以免漂到远海去。水獭不希望在睡觉时丢掉自己的幼崽，所以它会紧紧抓住宝宝的小手，和宝宝一起舒舒服服地漂在水面上。

水獭的趾间有蹼，这使它成为了一名出色的游泳运动员。它在水中的速度可以达到每小时 12 千米。但它在陆地上的速度其实更快——每小时不低于 25 千米!

水獭生活的环境必须要有干净的水流，可供挖洞的堤岸，还有数量充足的鱼。这种小动物无法忍受被污染的水，所以总会选择在水流清澈的河流和小溪生活。世界自然基金会和其他组织正在尽力为水獭提供更多的生存空间。他们的工作已经取得了显著成效，但是想要让这种有趣的动物在各个地区舒适地生活，还需要付出许多努力。

晚安

睡觉时也要手拉手

259 专为在雪地上奔跑而设计的脚

猞猁是一种美丽的猫科动物，它们最显著的特征就是耳朵上的黑色绒毛和胸前的白色“围嘴”。最常见的一种猞猁是欧亚猞猁，它们分布广泛，从中欧和东欧到中亚，以及西伯利亚地区。猞猁是全欧洲第三大掠食者，仅次于棕熊和灰狼。

猞猁有着专门为雪天准备的特殊装备。夏天时，它的皮毛是玫瑰红色或棕色的，上面还有斑点。但是到了冬天，它的皮毛就会变成美丽的银灰色，这样它在雪白色的环境中就没有那么显眼了。猞猁的四肢较长而有力，脚下有一个特殊的保温层。而且它的脚特别宽，很适合在雪地上奔跑。

猞猁是一种非常安静的动物。当它悄悄靠近猎物时，你几乎听不到它的任何声音。猞猁平时也很少出声，因此它可能在一个地区生活多年而不被人发现。

猞猁主要吃鹿，除此之外还吃欧洲野兔、狐狸或穴兔。它们偶尔还会吃鸟，捕鸟时可以跳两米高。

欧亚猞猁曾经在欧洲许多国家和地区近乎绝迹。但得益于各种保护措施，这种动物的数量再次增长。这确实是件好事，因为它们真的是一种非常美丽的动物。

260 怀胎三年的动物

大象怀孕的时间差不多是 2 年（即 95 周或 640 天）。在哺乳动物等待宝宝出生这件事上，大象妈妈需要等待的时间最久。这并不奇怪，对于聪明的动物来说，较长的怀孕期是很正常的。在世界上所有动物中，大象的大脑是最大的。为了发育出这样的大脑，它们需要在妈妈的肚子里待上更长的时间。通常情况下，大象妈妈一生中最多能生 4 个孩子。

然而，有的动物需要在宝宝出生前等待更长的时间。**黑真螈**是来自阿尔卑斯山脉的一种两栖动物。黑真螈怀孕至少 2~3 年后，孩子才会出生。具体的怀孕时长取决于它们生活的高度。

这种蝾螈每次产下两只幼体，它们生下来时就是完全变态的，只需要再成长一点点就够了。

鲨鱼妈妈也会花很长时间让宝宝在肚子里发育。不同种类的鲨鱼怀孕的时间也有差异，时长 1~3 年不等。鲨鱼每次只生几个宝宝，它们出生时就已经发育完全了。这样看来，人类妈妈 10 个月的怀孕期并不是最长的。

还要再等几个月呢

261 你想养一只大熊猫吗？

如果你去问 100 个孩子他们最想要的宠物是什么，肯定有很多人的答案是：“一只**大熊猫！**”这一点都不奇怪的。毋庸置疑，大熊猫是地球上最可爱的动物。它们有着黑色和白色的皮毛、圆滚滚的身体、可爱的头部，眼睛周围还有一圈黑眼圈，让人看了就想抱一抱。

尽管如此，如果你想养一只大熊猫，我们还是建议你三思而后行。

大熊猫

首先，大熊猫吃得很多，非常非常多。它们每天大约 12 个小时都在进食，一天能吃掉 20~50 千克的竹子。

就算你能找到这么多竹子，也别忘了它们会排出很多大便（每天的大便量通常超过 20 千克）。要装这些大便，你得准备多少袋子呀！

听了这么多，你还是想养一只大熊猫作为宠物吗？那要记住了：每一只大熊猫的所有权都属于中国。它们只会在一段特定的时间（通常是 10 年）内被租借给动物园。如果在租借期间有熊猫宝宝出生，那就必须在它两岁时把它送回中国。如果你想“租”大熊猫，那你可要破费了：一对大熊猫的“租金”是每年 90 万 ~100 万欧元。

要不还是再考虑考虑吧，或许还是养一只狗、猫或者豚鼠比较好。

262 千万别让大羊驼背太沉的东西！

很长一段时间里，人们一直认为大羊驼的英文名“llama”来自西班牙语。传说西班牙征服者们是在印加人身边第一次看到这种动物的。他们问印加人：“这个叫什么？（西班牙语：Cómo se llama?）”印加人不会说西班牙语，便以为“llama”就是这个动物的西班牙语名字。

现在我们知道了：这个名字其实来自克丘亚语，这是安第斯山脉原住民的一种语言。

大羊驼是一种可爱而害羞的动物，不过它们也充满了好奇心。它们的学习速度很快，喜欢和其他同类一起生活。如果大羊驼之间发生争执，它们就会冲彼此吐舌头。争执激烈的时候，它们还会互相吐口水。如果它们觉得人类对它们不好，也会冲着人类吐口水。

在安第斯山脉，人们驯服了大羊驼，用它们来驮东西。大羊驼可以背负重达 34 千克的物体，并连续前进 32 千米。它那

大羊驼

特殊的足部（脚底下有独特的肉垫）非常适合在当地的地形上行走。但是别让大羊驼背过重的东西，否则它可是会罢工的。它卧在地上不动，除非你卸下一些物体，它才会重新站起来。如果你强迫它起来，它就会发出咝咝声，向你吐口水，有时甚至还会给你来一脚。

大羊驼的毛很漂亮，可以用来制作地毯和布料，用来织毛衣当然也是不错的选择！它们的皮可以被制成皮革，它们的粪便是极好的燃料和肥料。

263 牦牛不喜欢热的地方

在世界屋脊——喜马拉雅山脉，气候极度严寒，在群山之中凛冽的冷风从四面八方吹来。除此之外，山上的氧气很少，所以人类在这里呼吸十分困难。然而仍有一些动物可以在那里的高山上舒适地生活，它们就是**野生牦牛**。牦牛非常适应寒冷和高海拔的环境，它们甚至很难在海拔低于 3000 米的地方生存。当气温达到 15 摄氏度或者更高时，牦牛就会觉得很难受，甚至会因为热衰竭而死掉。

牦牛身披一件非常保暖的长毛大衣，可以很好地保护它们免受寒冷的侵害。此外，它们的体温也比人类的体温高。人的体温大约是 36 摄氏度，而牦牛的体温大约是 38.35 摄氏度。凭借温暖的大衣和较高的体温，牦牛甚至可以游过冰冷的河水而不会受凉。

90％的牦牛都生活在中国青藏高原地区，其中最大的是野牦牛。它们肩高约 2 米，重达 1000 千克。家牦牛是一种安静的家畜。人们像养牛那样成群放牧和饲养牦牛，它们为人类提供了毛、皮、富含脂肪的奶、肉和粪便（牦牛的粪便是很好的燃料）。就连牦牛的尾巴也有用，它被制成假胡须，用在中国的戏剧表演中。

牦牛喜欢高峰，它们可以爬到海拔 6100 米的地方。这不仅得益于它们那温暖的皮毛，还因为它们有着巨大的肺活量，可以

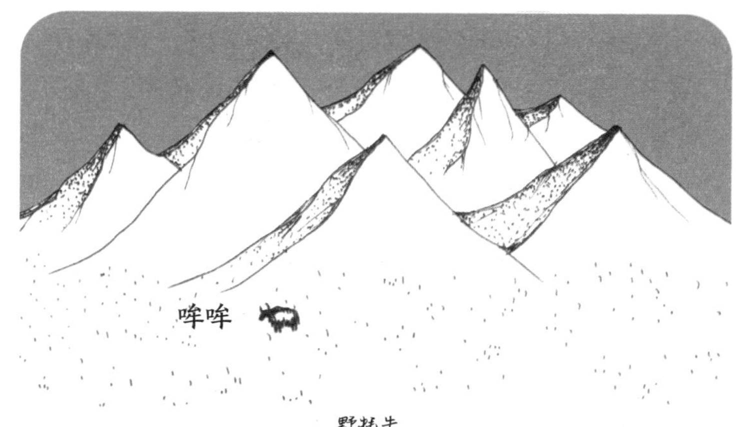

野牦牛

吸入格外多的氧气。

中国西藏和喀喇昆仑的传统节日上会举办骑牦牛比赛。在蒙古，人们还会骑着牦牛玩马球。

说实话，谁不想要一头温和可爱的牦牛呢？

264 “来自森林的人”有着长长的手臂

在马来语中“orang”的意思是“人类”，“utan”的意思是“森林”。因此，对于文莱、马来西亚和印度尼西亚的居民来说，**红猩猩**的字面意思其实就是“来自森林的人”（Orangutan）。他们把这种猩猩称作“人”并不奇怪，毕竟红猩猩和人类基因相似度为96.4%。

红猩猩的体形很大，但它们仍然生活在树梢上。它们长长的前臂格外强壮，大大的手上长着钩子般的手指。凭借这样的前臂和手，它们可以在树枝之间不断穿梭，寻找水果和树叶。因为水果很快就会被消化，所含卡路里也相对较少，所以红猩猩几乎全天都在寻找食物。

红猩猩幼崽会挂在妈妈身上，直到4岁左右。在这之后，它们还要跟着妈妈生活很长时间，直到6岁才会和妈妈分开。母猩猩到12~15岁时才会生下第一个宝宝。幼崽会和妈妈一起生活很久，在此期间母猩猩也不会生育新的幼崽。在所有生活在陆地上的哺乳动物中，红猩猩生育间隔是最长的，所以红猩猩的新生儿数量不多。

现在，红猩猩已经濒临灭绝。你可以在加里曼丹岛和苏门答腊岛上找到它们的身影。据科学家估计，加里曼丹岛和苏门答腊岛上分别生活着约10.47万只和1.4万只红猩猩。2017年11月，人们发现了第三种红猩猩——塔巴努里猩猩。这种猩猩也住在苏门答腊岛上，但是数量大约只有800只。

要和我比臂力吗？
嗖
红猩猩

265 非洲野水牛会举行投票

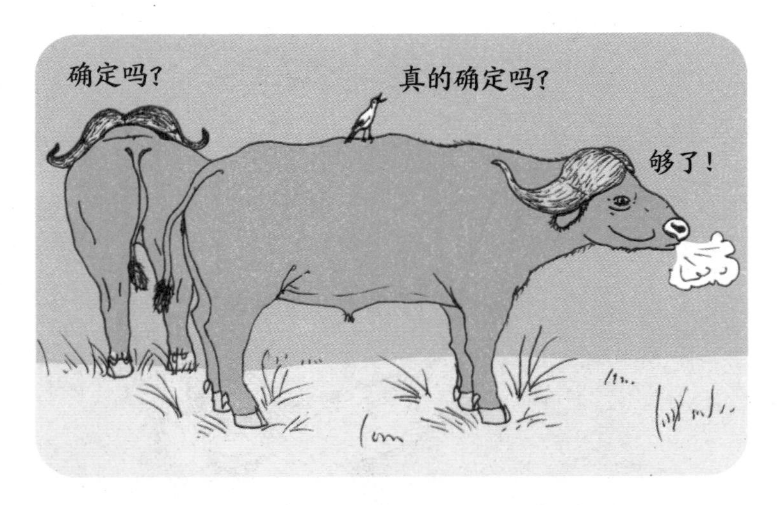

非洲野水牛

“非洲五霸”[1] 中最危险的既不是狮子，也不是大象，而是**非洲野水牛**。非洲野水牛又叫**非洲水牛**。公水牛长着巨大的弯角，看起来非常危险。当自己或者水牛群受到威胁时，它们会毫不

[1] “非洲五霸”，指的是非洲水牛、狮子、豹、黑犀牛和非洲象这五种非洲动物。

犹豫地发起攻击。当捕食者接近水牛群时，公水牛会围成一个圈，把母水牛和小水牛围在中间，阻挡一切入侵。

水牛群中最强壮的母牛会成为族群的领袖，不过它们对各种事务都非常民主。为了确定某天在哪个地方吃草，水牛们会组织一场真正的投票，只有成年母水牛才能参加。它们会面朝某个方向站立，凝视远方，然后躺下来。大多数水牛选择哪个方向，它们就去哪个方向。如果选择两个不同方向的水牛一样多，它们就会分成两组去两个地方吃草。

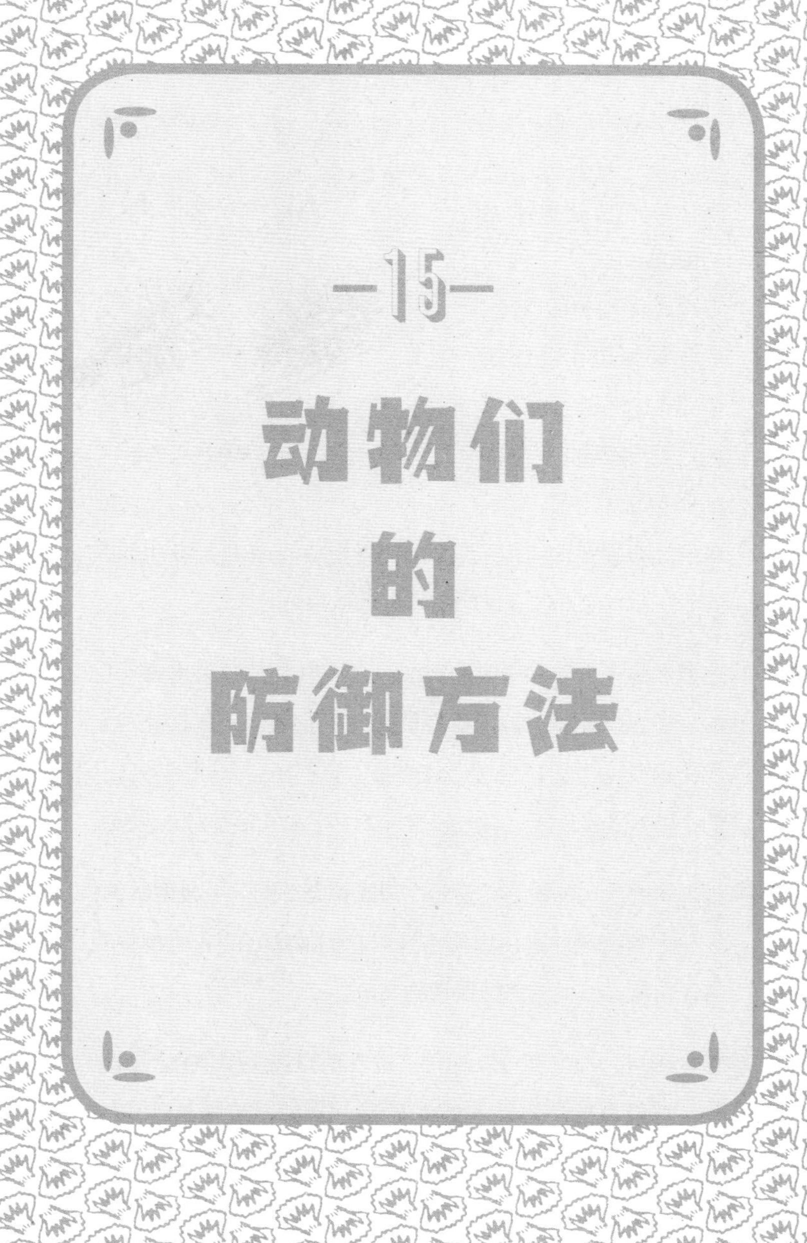
—15—
动物们
的
防御方法

266 穿着“演出服”的幼鸟

◎ 想象一下，有一只刚刚出生的**栗翅斑伞鸟**的**雏鸟**，这是一种来自南美洲雨林的鸣禽。成年栗翅斑伞鸟的毛色是有些沉闷的灰黑色，但雏鸟的毛色却是明亮的橙色，羽毛末端还有白色的斑点，这使得它们看起来像是与其生活在同一片雨林中的法兰绒蛾的有毒毛毛虫。

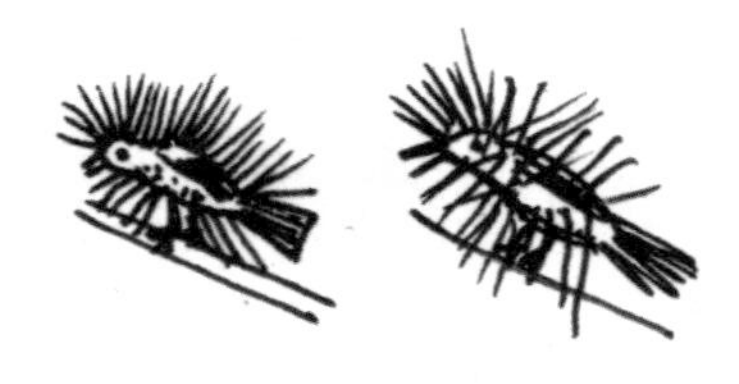

◎ 这显然是一种非常聪明的做法。雏鸟伪装成这种有毒毛虫的样子，以此避免被捕食者猎食。它们甚至不仅在外观上模仿这些毛毛虫，当遭遇危险时，它们还会来回摆动自己的小脑袋，看起来就像一只有毒的毛毛虫正慢慢爬过树枝。

◎ 根据研究人员的说法，这是“**贝氏拟态**”的一个典型案例：一种无害物种已进化出模仿针对它们捕食者的有害物种的警告信号，从而避免捕食者的攻击。

◎ 与之相对，捕食者可以通过“**进攻性拟态**”模仿自己的猎物，这样就能更容易地捕捉它们。例如，**鮟鱇**的头上挂着一根会发光的“钓鱼竿”，可以吸引小鱼。等小鱼靠近，鮟鱇就会把它们一口吞入腹中。

◎ 还有一种拟态叫作“**穆氏拟态**”，不可食用的动物会使用这种拟态方法。它们会模仿其他不可食用的、有毒的或危险的物种，这样即使是没有经验的捕食者，也不会把它们意外地吃掉了。

进攻性拟态

267 史上最佳模仿者

章鱼是一种非常聪明的动物，它们有着极为出色的记忆力。科学家总是为它们能够做到的事情而震惊。

就拿**拟态章鱼**来说吧。这种约60厘米的小章鱼生活在东南亚较温暖的水域。它是一个完美的模仿者，可以把自己伪装成鳗鱼、水母、比目鱼、海星或海蛇。事实上，它不仅会模仿这些动物的形状和颜色，还会模仿它们的行为方式，从而误导那些喜欢吃章鱼的动物。如果遇到了不喜欢蛇的攻击者，它就把身体和触手的一部分钻进沙子里，只摆动两条触手，看起来就像蛇一样。如果遇到了不爱吃比目鱼的敌人，它就把触手整齐地并拢在一起，像比目鱼一样在水中移动。它甚至会记住该在哪些地方小心哪些捕猎者，并根据不同的情况调整自己的伪装。

直到1998年，这个物种才被人类发现，从这点就可以看出它们的伪装有多么出色。

拟态章鱼还会挖掘洞穴和通道。如果伪装没能奏效，它就会钻到里面逃走，以躲避敌人的追击。

这种章鱼以蠕虫、螃蟹和小鱼为食，有时也吃自己的同类，也就是说它们是会同类相食的动物。奇怪的是，它们并不只在食物短缺的情况下才会吃掉同类，它们这么做可能是为了保证自己对领土的控制权。或者是它们的伪装实在太完美了，以至于自己都没意识到自己正在吃另一只章鱼？

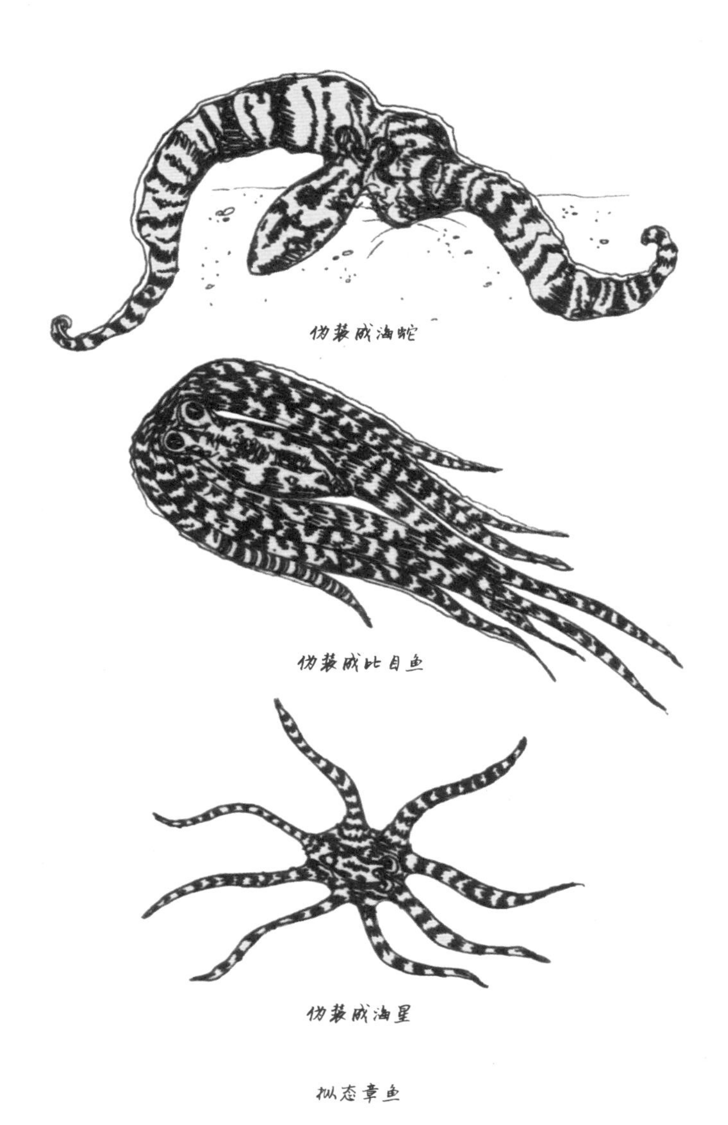

拟态章鱼

268 那是一只蚂蚁吗？

你可以读到许多关于昆虫聪明的伪装小知识，它们会伪装成鸟粪，或者模仿鸟类的幼雏。

但是有一种**蝉**的伪装格外特别。这种**角蝉**的背上有一只“蚂蚁”。这当然不是真的蚂蚁，而是一些凸起和空心圆球，上面还长着毛，整个儿看起来就像一只巨大的蚂蚁。如果你仔细看，就会发现蝉的眼睛长在“蚂蚁”的屁股上。这种伪装真是聪明极了，因为蚂蚁准备发起攻击时就会倒着走。你会看到一只行走的蚂蚁，但下面其实是一只完全不同的昆虫。角蝉可以用这种伪装避开想吃掉它的动物。

另外一些角蝉会用类似叶子或植物棘刺的结构伪装自己。毫无疑问，这也是一种超厉害的障眼法！

这是我的帽子，小伙子！

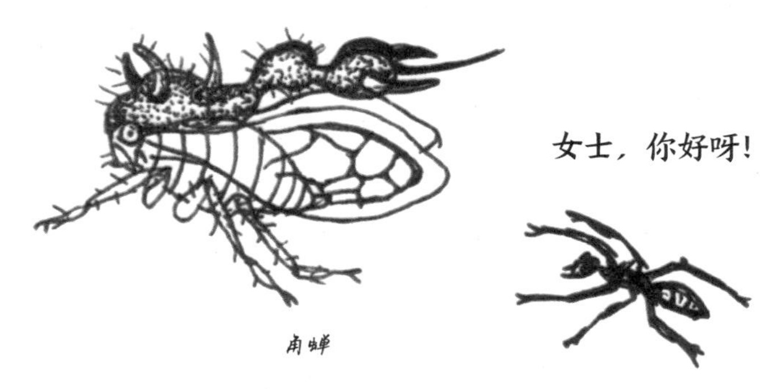

269 用呕吐物赶走敌人

暴雪鹱幼鸟的呕吐物攻击法

◎ 为了保护自己不受敌人伤害，动物们用了各种各样的方法。例如，**蓝胸佛法僧**的**幼鸟**会把自己的呕吐物弄得满身都是，这样它们的气味就会特别难闻，攻击者们也会离它们远远的。

◎ **暴雪鹱**的**幼鸟**不会把呕吐物吐到自己身上，而会吐到敌人身上。这些呕吐物闻起来像腐烂的鱼一样恶臭异常，会粘在你的衣服上（确切地说是敌人的羽毛上），久久无法除去。而且这些呕吐物非常黏稠，如果粘到了其他鸟的羽毛上，它们就无法继续飞翔了。还好幼鸟的父母对它们的呕吐物是免疫的。

◎ **秃鹫**也有类似的行为。受到攻击时，它们就开始呕吐。它更喜欢吐到进攻者的身上，胃酸会灼痛敌人的双眼，使得敌人落荒而逃。

270 快走开，我是一块大石头！

坐在窝上的鸵鸟

你喜欢玩捉迷藏吗？**鸵鸟**也喜欢！你可能已经想象出了这样的一幅画面：一只鸵鸟把头深深埋进了沙子里，便以为没有人能看见它了。但这只是一个虚假的传说。鸵鸟确实会在遭遇敌人时隐藏自己，不过并不是用这种方式。鸵鸟坐在盛着蛋的鸟窝上时，会把自己的头部和颈部完全平贴在地面上，这样它们看起来就像是沙漠里的一块大石头。如果敌人继续靠近，鸵鸟就会跳起来，狠狠地踢它一脚。大多数掠食者都害怕鸵鸟那强壮的腿，但偶尔会有一个特别胆大的继续进攻。此时鸵鸟就会逃跑，它的冲刺速度可以达到每小时 70 千米。这个速度是地球上用两条腿奔跑的动物中最快的。它“平常”的跑步速度是每小时 50 千米，每一步跨过的距离超过 3 米。

鸵鸟不能飞行，因为对于飞行来说，它们125 千克的体重实在是太沉了。

有时人们会举行鸵鸟赛跑的活动，把这只大鸟像马一样用马鞍和一种特殊的辔头装备起来。这种比赛的赛程相对较短，骑手经常因为无法抓牢而从奔跑的大鸟背上被甩飞下来，制造了一种格外滑稽的景象。

鸵鸟赛跑

271 谁也不想在便便的海洋中游泳

对于**小抹香鲸**来说，粪便有着重要的用途。小抹香鲸“只有”3 米长，因此有时会受到虎鲸甚至海豚的威胁。一旦遭遇危险，它便从肛门里排出一股恶臭的浓稠液体，然后游到这一团粪便里面，这样攻击者就不愿意接近又脏又臭的它了。如果攻击者仍然穷追不舍，小抹香鲸就会再次排出一堆臭臭的便便。

海参就更夸张了。它们会收缩身体，然后冲着进攻者喷射出自己的肠子和其他器官，缠在对方的身上。有的器官甚至是有毒的，能够导致这些攻击者死亡。

小抹香鲸

272 别让蝎子钻进你的鞋里

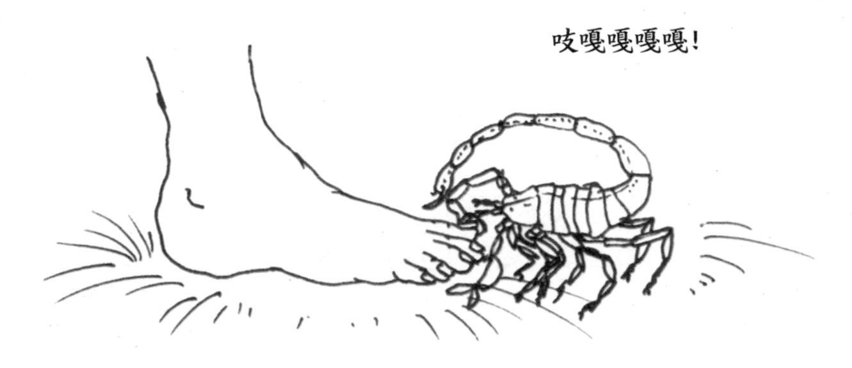

你害怕**蝎子**吗？这真的没什么必要。在1750种蝎子中，“只有”30~40种蝎子的毒液会威胁人类的生命。而且蝎子其实根本不想攻击你，它们宁愿安安静静地躲在岩石和裂缝中。只有感到饥饿的时候，它们才会去捕猎。捕猎时它们会使用自己的触肢，也就是末端长着钳子的腿。它们用这些钳子抓住猎物，紧紧夹住不放，然后举起尾巴弯向身体前方，用毒针螫刺。

大多数蝎子都有一种专门针对自己最喜欢的猎物的毒液。猎物中毒后会死亡或者瘫痪，然后被蝎子吃掉。蝎子并不会向人类一样咀嚼食物，而是会吐出消化液，然后把已经消化一半的猎物吸入腹中。它们有一个非常有效的食物储存器官和非常低的代谢率。有些蝎子只要吃上一顿，就可以存活 6~12 个月。然而如果没有足够的食物，母蝎子就可能吃掉它的幼蝎。毕竟这些动物通常生活在荒凉的地区，而那里并没有太多鲜嫩多汁的昆虫。

难道人类从未被蝎子刺伤过吗？当然不是啦！不过那通常是因为他们打断了蝎子的美容觉，或者因为蝎子意外地藏在他们的鞋子里。所以如果你来到蝎子出没的地区，一定要记得穿鞋前把鞋子好好抖一抖，确保里面没有蝎子。

273 飞蛾的完美伪装

许多人认为蝴蝶绚丽多彩，而**飞蛾**只不过是它们颜色单调的兄弟而已。但实际上，飞蛾是一种非常奇妙的动物。

例如，一些飞蛾和它们的毛毛虫可以完美地伪装自己，使自己看起来像一些不怎么好吃的东西，比如一只黄蜂、一只螳螂、一只捕鸟蛛或者……一坨臭臭的鸟粪。这样它们就可以误导那些爱吃飞蛾和毛毛虫的动物了。

还有一些飞蛾是优秀的“纺织品生产商”。蚕蛾的毛虫结茧时会产丝，这种材料被用于制作最昂贵、最美丽的织物。

飞蛾还会帮许多植物以及夜间开放的花朵授粉。它们的头上有着特殊的触角，上面带有气味感受器，可以帮助它们找到食物和伴侣。它们可以用弯曲的长舌头取出花朵深处的花蜜。

它们也是鸟类、两栖动物、哺乳动物和爬行动物重要的食物来源。在许多国家，人类也吃飞蛾的毛虫。在非洲南部的一些地区，小皇帝蛾的毛虫甚至被视作美味佳肴。人们从可乐豆树的叶子上手工采摘**可乐豆木毛虫**，在火上烘烤或在阳光下晒干，和番茄、豆子一起炖煮，菜里油亮油亮的毛虫看起来十分美味。

哦哈哈

赭带鬼脸天蛾能把鸟儿吓跑

274 一种几乎无人见过的哺乳动物

中南大羚

动物学家每天都会发现新的动物物种，通常是生活在物种丰富的热带雨林中的昆虫，或是生活在海洋深处的动物。但有时候他们也会遇到一些意想不到的动物。

1992 年，一支来自世界自然基金会的团队和越南政府合作，共同研究雾光自然保护区的动物物种。该保护区位于老挝和越南之间的山区。令该团队惊讶的是，他们在一个猎人的小屋里发现了他们从未见过的一对角和一整张兽皮。这是自 1936 年以来，人们第一次发现新的大型哺乳动物！它就是**中南大羚**，也被称为亚洲独角兽。它在猎人之间很有名，但生物学家或动物学家们却从未发现过这种动物。

科学家设置了相机陷阱，拍到了几次这种动物。中南大羚的样子像羚羊，但它们其实是牛的亲戚。无论是雄性还是雌性中南大羚都长着略微弯曲的长角。它们短而富有光泽的皮毛从红褐色到近黑色不等。

目前，这种特殊的动物只被观察到了 11 头活着的样本。2010 年，人们在老挝捕捉到一头中南大羚，但它几天后就去世了。科学家们推测现在仍有 70~700 头活着的中南大羚。由于该物种剩下的个体已经不多了，而且人类捕捉到的中南大羚没有一头可以用于繁殖，科学家们担心这个物种将会很快灭绝。这将是一件非常遗憾的事，因为我们认识这些美丽动物的时间实在是太短了，根本来不及深入地了解它们。

275 藏在河底的鼷鹿

鼷鹿生活在亚洲和非洲，其中生活在亚洲的鼷鹿的体形最小。小鼷鹿的重量不到 3 千克，大小约为 48 厘米，是地球上最小的偶蹄目动物。偶蹄目指的是趾为偶数的动物，中间的两个趾是蹄。

小鼷鹿的大哥住在非洲。它叫**水鼷鹿**，体重可达 16 千克，肩高约为 35 厘米。水鼷鹿是出色的游泳运动员，平时生活在河岸边。当危险来临时，它就会钻入水中，沉入水底，然后静悄悄地离开。它可以屏住呼吸 4 分钟。如果氧气不足，它会稍微向上游一下，把它的小鼻子从水中伸出来呼吸。有时它会抓住水底的水生植物，防止自己漂到太远的地方。

在干燥的陆地上，雄性鼷鹿会用蹄子迅速跺地，向其他鼷鹿发出警告。它们也用这种方式试图吓跑攻击者。

鼷鹿很擅长躲藏，又十分安静。有些种类的鼷鹿很少会被人观察到。或许因为它们的行踪总是那样神秘，所以总能在各种有趣的童话故事中担任主角。

水鼷鹿

276 扔便便专家

◎ **弄蝶**的**毛毛虫**会扔大便。当危险靠近时，它可以把粪球射出 1.5 米远，以转移攻击者的注意力。这种毛毛虫的粪便气味非常强烈，能够吸引攻击者，使其不再追捕毛毛虫，转而去追赶便便，这样毛毛虫就可以趁机迅速溜走。幸好不是所有毛毛虫都会四处扔大便，否则你也可能会被这些“子弹”意外击中。

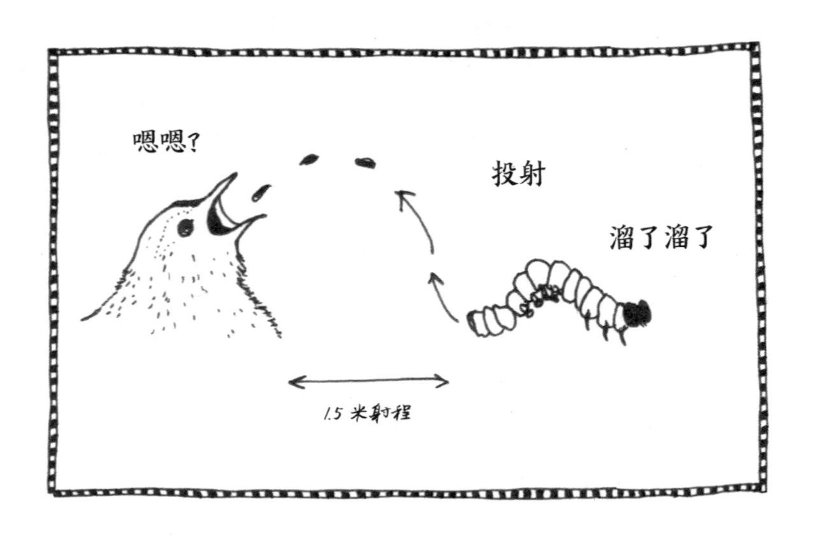

◎ **阿德利企鹅**生活在南极。这种鸟类的体形相当小，长着黑色的小脑袋，眼睛周围有白色的环圈。当爸爸妈妈出去捕鱼时，阿德利企鹅幼崽就不得不在一段时间里独自待着，此时它们周围总有伺机而动的捕猎者，比如白鞘嘴鸥就很喜欢吃这些毛茸茸的小肉球。但小企鹅知道如何保护自己。它们转过身去，等强盗足够靠近，就喷出一大股便便。攻击者不仅会受到惊吓，还会全身粘满黏糊糊的脏东西，无法继续顺利移动。甚至用水也很难洗掉这些便便。小企鹅的“发明”是不是很聪明呢？

◎ 散发出强烈气味的并不一定是便便。如果你闻过一次**臭鼬**的肛门腺产生的气味，那感觉保准叫你终生难忘。臭鼬感到威胁或受到袭击时就会分泌出这种极具刺激性气味的液体，它的气味是如此强烈，甚至可能导致敌人暂时性失明。

277 一种像蜂鸟的天蛾

你可能从未听说过“趋同演化”（除非你是生物学家），这个词指的是两种不具近缘关系的生物（例如鸟类和昆虫）长期生活在相同或相似的环境中，因需要而发展出相同功能的器官的现象。它们看起来好像是有关联的，但事实完全不是这样。这被称为“非同源相似性”。

小豆长喙天蛾就是一个很好的例子。这种生物生活在北非、亚洲和欧洲的许多地区。它们与蜂鸟之间没有任何关系，但两

奇怪的“鸟”

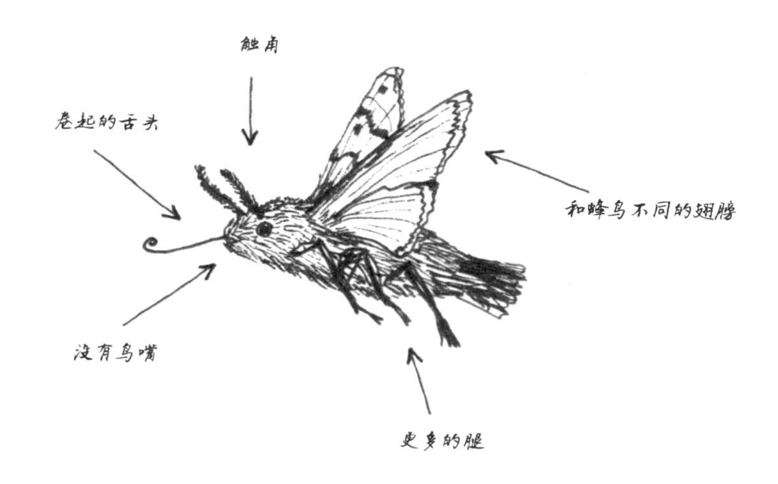

者的外观极其相似。它们可以像蜂鸟一样悬停在花朵上，用长长的舌头吸食花蜜。它们能够以极快的速度拍打翅膀，还能悬停在空中、侧着飞和倒着飞。它们甚至发出像蜂鸟一样的嗡嗡声，这样就显得更像蜂鸟了。

当然，这两种动物之间也存在差异。小豆长喙天蛾比蜂鸟小一点，而且像其他昆虫一样有6条腿。除此之外，它们头上有两根触角，没有鸟嘴，翅膀看起来也和蜂鸟的翅膀有所不同。

小豆长喙天蛾是世界上飞行最快的昆虫之一，时速能够轻松达到18千米。对于这么小的动物来说，这个速度可算是相当快了！

278 刚才是不是有根树枝走过去了？

你必须要有一双极其敏锐的眼睛，才能看见**竹节虫**。这些昆虫的身体是棕色、绿色或黑色的，和它们藏身的树木完美地融为一体。它们不仅看起来像小树枝，就连行为也像。起风的时候，竹节虫就会随着其他树枝轻轻摇晃。它们的皮肤上甚至常常有小条纹或其他纹路，这使它们的伪装显得更加逼真。

如果攻击者靠得太近，它们就会掉到地上假装自己已经死了，这被称为“假死”。有些竹节虫会释放出有臭味或是刺激性气味的物质。还有些竹节虫身上藏着一对色彩鲜艳的翅膀。当敌人靠近时，它们会在一瞬间展示这对翅膀。受惊的敌人赶忙去寻找那只色彩斑斓的昆虫，却只能看到树枝——竹节虫早已趁其不备逃之夭夭了。

如果攻击者已经抓住了它们的一条腿，该怎么办呢？这种情况下，竹节虫会任由这条腿断掉，然后自己逃跑。这被称为“自割”。竹节虫若虫会在蜕皮长大时重新长出断掉的腿，年龄较大龄期的若虫有时也能长出新腿。

许多种类的竹节虫都是孤雌生殖的，雌性竹节虫产下虫卵，经过一定时间便可孵化出若虫，而无须与雄性竹节虫交配。人们甚至从来没有发现过某些种类竹节虫的雄性个体！

女子力！

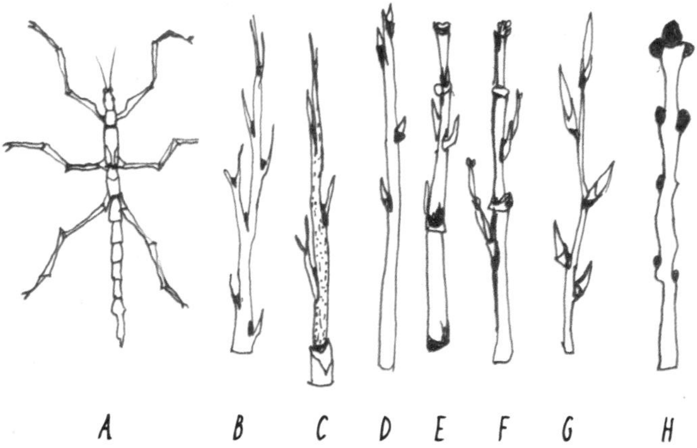

A　B　C　D　E　F　G　H

请找出真正的树枝。

279 伪装成保龄球的穿山甲

卷起来的穿山甲

穿山甲这个名字在马来语中写作“Penggulung”，这个词的字面意思是“把身体卷起来”，这正是穿山甲受到威胁时会采取的行动：紧紧缩成一个坚硬的球，让攻击者无从下手。

穿山甲是一种长着鳞片的“食蚁兽”，这使它看起来有点像犰狳。这些鳞片覆盖着穿山甲的整个身体，由角蛋白构成，占穿山甲总体重的五分之一。它是唯一一种穿着这种由角蛋白构成的大盔甲的哺乳动物。

穿山甲虽然有“盾牌”，但却没有牙齿，它们会用自己长长的、黏黏的舌头舔食蚂蚁。如果你把它的舌头完全展开，有时会发现它比穿山甲的身体都长。穿山甲不吃东西时，会把舌头整齐地卷曲在身体里，一直穿过咽部通到胸腔中。

在亚洲，每年至少有 1 万只（甚至可能有 10 万只）穿山甲被人们非法捕获和销售。

它们出现在越南餐厅的菜单上，被当作一种异国情调的美食。人们把它做成烤肉，或者加工成汤。它们的盔甲被研磨成细细的粉末，用于各种中药中。每千克鳞片的价格高达 450 欧元。这些盔甲也被制成时尚配饰。这真是太不幸了，目前生活在非洲和亚洲的穿山甲都面临着灭绝的危险。

伸展开的穿山甲

280 隐蔽专家——獾㹢狓

獾㹢狓是一种非常特别的动物。它们的臀部和腿有黑白交替的条纹，使它看上去很像斑马，除此之外，它们有点像鹿，但事实上它们和长颈鹿关系最近，所以它们也被称作“森林长颈鹿”。獾㹢狓的舌头是蓝色的，长度可达35厘米。它们用舌头来卷食树上的叶子，另外，它们也用舌头清洁自己的眼睛，等等。

直到1900年，人们才在刚果发现獾㹢狓。这确实有点奇怪，因为这是一种相当大的哺乳动物。但是獾㹢狓生性非常害羞，当人类或其他天敌靠近时，它们就会迅速隐藏在雨林之中。它们臀部和腿部的颜色和条纹使其他动物很难看到它们。

为了保持健康，獾㹢狓需要摄入矿物质和盐分，因此它们会去河边舔食黏土。它们还会稍微吃一点烧焦的木炭和蝙蝠的粪便，从中获取自己需要的各种营养。

由于獾㹢狓非常胆小，又生活在一个处于战乱地区的密林中，因此生物学家并不知道具体有多少只獾㹢狓生活在野外。粗略估计（但是非常不可靠）的数据是1万~2万头之间。由于人类的捕杀，这个物种已经濒临灭绝，而且它们的栖息地也越来越小。因此，欧洲各种各样的动物园都参加了獾㹢狓的特别育种计划。一定要去动物园亲眼看一次这种奇妙的动物哦！

獾㹢狓

281 鸟屎“活”了！

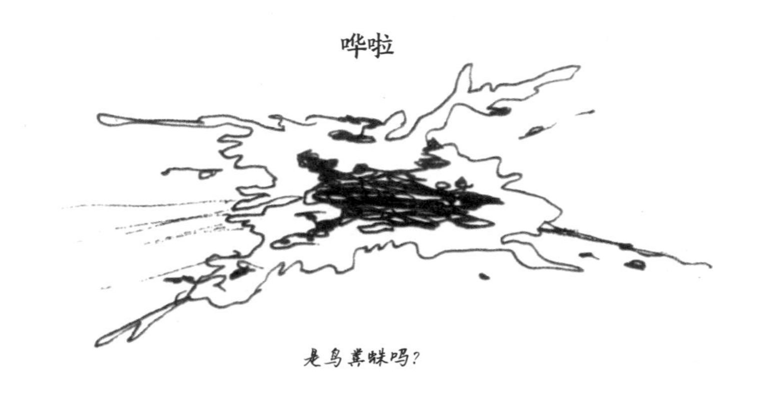

是鸟粪蛛吗？

想象一下，你正盯着一坨鸟粪，结果它突然跑走了……你肯定会吓一跳吧？

会跑的鸟粪当然是不存在的，你看到的可能是一只把自己完美地伪装成鸟粪的毛毛虫、蜘蛛或蝴蝶。它们通过这种方式躲避周围各种想要吃掉它们的动物，因为鸟粪看起来怎么也不可能是什么好吃的，对吧？

有些飞蛾的毛毛虫是白色和棕色相间的，这使它们看起来就像一堆便便。当它们在树叶或树枝上休息时，它们甚至会把自己摆成便便的形态，以躲避那些喜欢多汁毛毛虫的鸟类。

园蛛科的一些蜘蛛，如**长腹艾蛛**，会用自己的网来进行伪装。它们会在网上缠上各种各样的装饰品和叶片，而自己则待在其间。由于这种蜘蛛的身体是棕色和白色的，和这种特殊的网在一起，蜘蛛看起来就像是叶子上的一块鸟粪。

甚至还有一种蜘蛛就叫作“**鸟粪蛛**”，它看起来就像一个小粪球。它一动不动地躺在地上，别的动物根本注意不到它。为了吸引猎物，它会分泌一种特殊的化学物质，闻起来像雌性飞蛾分泌的信息素。雄性飞蛾受到这种气味的引诱而飞落，然后……就被吃掉了。

282 是树叶还是竹节虫？

“在这个岛上，你能发现一些奇特的树，上面的叶子落到地面后就活了过来，开始走路。它们看起来有点像桑树的叶子，又比桑树的叶子更短一些。它们长着短短尖尖的茎，上面每侧都长着两条腿。只要被碰触一下，它们就会逃走。但如果你把它们踩在脚下，它们也不会流血。我把其中一片叶子在盒子里放了9天，等我再次打开盒子的时候，它仍然在里面走来走去。我想它大概是以空气为食的吧。”[1]

这个故事是一位探险家第一次看到**叶竹节虫**时写下的。他以为自己发现了一棵神奇的树，树上的叶子落下来就有了生命。但事实当然不是这样。那些会走路的叶子其实是一种昆虫，它们把自己完美地伪装成了一片有着粗糙边缘的叶子。它们绿色的身体呈扁扁的椭圆形，棕色的腿上面还有小小的缺口，这使得敌人几乎不可能看到它们。

当这种竹节虫被敌人抓住时，它会一动不动，看起来像死了一样。这样食虫动物就会放过它，因为它们不爱吃已经死亡的昆虫。

---

[1] 来自安东尼奥·皮加费塔拜访加里曼丹岛附近的巴拉巴克岛时的旅行记录。

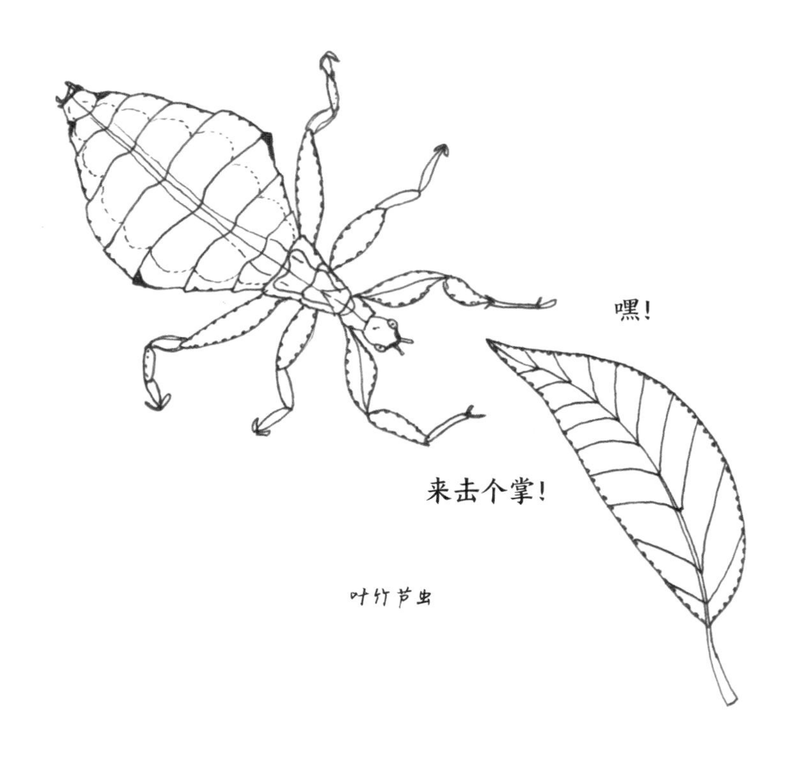
嘿！
来击个掌！
叶竹节虫

283 “熊猫蚂蚁”其实是一种蜂

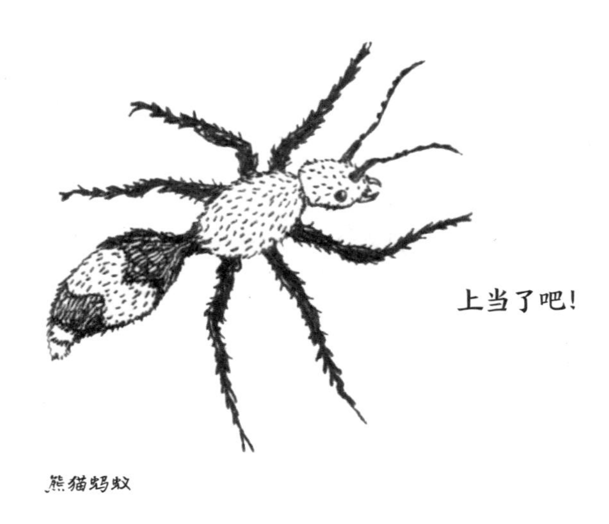

熊猫蚂蚁

我们首先要搞清楚一点：**熊猫蚂蚁**不是蚂蚁。当然啦，它更不可能是熊猫。那为什么科学家要给它起这个名字呢？

其实，熊猫蚂蚁属于蚁蜂科，这个大家庭里有超过 7000 种蜂。雌性熊猫蚂蚁是没有翅膀的，看起来像是毛茸茸的大蚂蚁。它们黑白色的身体很容易使人联想到中国大熊猫的某种迷你版本。所以人们把它们称作“熊猫蚂蚁”。

虽然熊猫蚂蚁的样子很可爱，但千万要小心别被它们蜇到了！被熊猫蚂蚁蜇伤可是很痛的。

1938 年，人们首次于智利海岸发现了熊猫蚂蚁。除了这里，这种动物还生活在阿根廷、美国南部和墨西哥等地。

雄性熊猫蚂蚁比雌性大得多。它们有翅膀，样子看起来像胡蜂。雄性熊猫蚂蚁喜欢在夜间活动，雌性则喜欢在白天活动。在它们交配之前，你甚至都看不出来它们属于同一种昆虫。

交配后，雌性熊猫蚂蚁会把卵产在在地面筑巢的胡蜂或蜜蜂的巢穴中。它们的宝宝一孵化，就会吃掉胡蜂或蜜蜂的幼蜂。熊猫蚂蚁的幼蜂中的一大部分都会被食蚁兽吃掉，看来它们根本尝不出来熊猫蚂蚁和普通蚂蚁的区别……

—16—

你一直好奇的关于动物的那些事儿

284 地球上的第一只动物是什么？

地球上第一只动物是……**海绵**。科学家们曾经发现过具有6亿年以上历史的海绵化石遗骸。它们没有大脑，没有神经，没有眼睛，没有耳朵，也没有嘴巴。然而它们确实是动物，而且属于“无脊椎动物”。

世界上有5000多种海绵动物。海绵动物大多数生活在咸水中，有些只有1厘米大，有些却可以长到3.5米。它们五彩缤纷，有黄色、绿色、红色或者棕色。它们形态各异，有的像灌木，有的像树木，有的呈片状，有的呈块状。

海绵的一端紧紧附着在其他物体上，另一端则和外界相通。含有食物粒的水流通过它身上的小孔进入体内，未消化的食物粒则会再次排出体外。留下的食物会被“领细胞”传输到整个海绵体的各个部分。

海绵动物有着多种繁殖方式。它们可以通过无性繁殖直接发育出小芽，形成新的海绵；同时它们还可以通过卵细胞和精子进行有性繁殖。当一只海绵的卵细胞和另一只海绵的精子结合，就会发育出幼虫。这些幼虫一开始喜欢四处游动，但经过一段时间后，它们也会附着在其他物体上，长成新的海绵。

桶状海绵

285 比目鱼生下来就是扁扁的吗？

鲽鱼、鳎鱼、大菱鲆、庸鲽和欧洲黄盖鲽——这些只是500种**比目鱼**中的其中几种。这些鱼通常住在海底，藏在沙子下面，只有一对小小的眼睛露在外面。它们有保护色，所以你很难看到它们。

比目鱼并不是天生就这么扁扁的，它们从卵中孵化时和其他鱼一样都是圆圆的。它们的样子就像只有几毫米大的幼虫，快乐地四处游动，以浮游生物为食。

但在大约6周后，它们身上会发生一些非常特殊的变化：一只眼睛会慢慢地转移到鱼身的另一侧，此时的比目鱼看起来会有点斗鸡眼。大多数比目鱼的左眼会移动到右侧，且整个颅骨都会随之移位。

自那以后，比目鱼就会游到海底侧躺下来。长长的背鳍和臀鳍像波浪般摇动，帮助比目鱼前进。鱼的底部（也就是不再有眼睛的那一侧）会变成白色，顶部则变成了海底的颜色。此时，比目鱼的菜单也发生了变化：它们不再吃浮游生物，而是以小鱼、蠕虫、贝类和小虾为食。为了适应新的饮食，比目鱼的整个胃肠道系统都会发生变化。

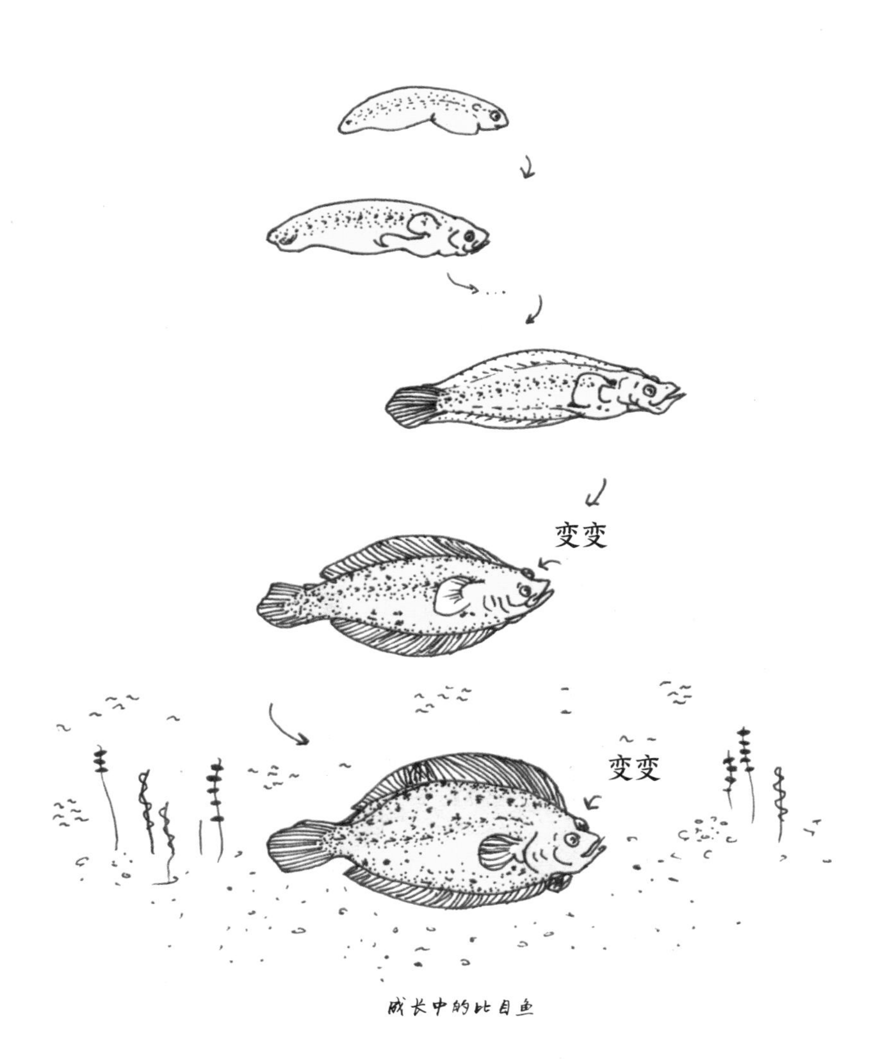

成长中的比目鱼

286 青蛙真的可以用来验孕吗？

想象一下：一个生活在 1965 年的女人，她觉得自己可能怀孕了，但又不能完全确定。那时候还不能去超市买验孕棒，因为验孕棒直到 1971 年才被发明出来。当然也有测试办法，不过必须找医生才能做。

在那个年代，想要自己检测是否怀孕了的唯一方法就是找一只爪蛙，把尿液注射到它的体内。如果怀孕了，这只蛙就会在 5~18 个小时内产卵。

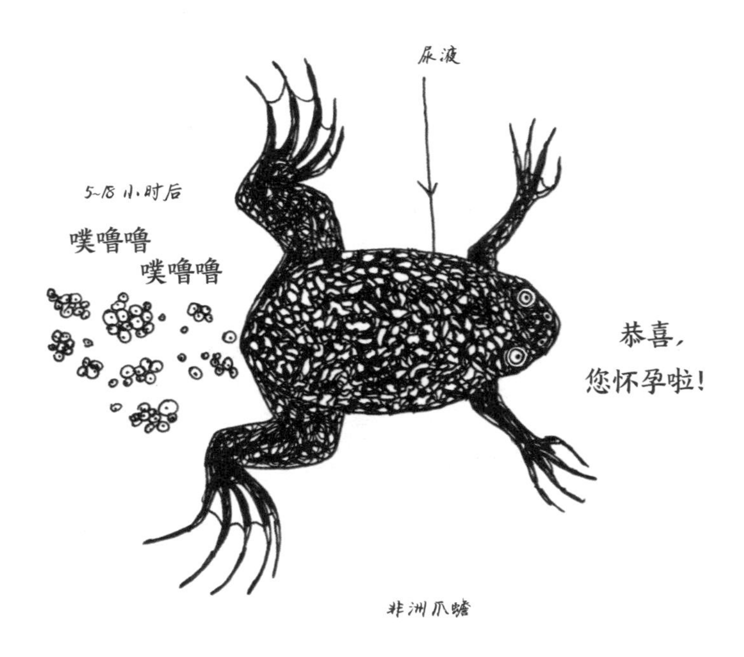

青蛙试验并不是100%准确的。但是多年以来，它都是检测是否怀孕的唯一方法。

当时人们使用的蛙是**非洲爪蟾**。这种蛙来自非洲南部，也生活在北美和欧洲的许多地方。它们的出现对其他蛙来说可不是什么好事。它们不仅会取代之前就生活在那里的许多原住蛙，而且还会传染一种危险的皮肤真菌（蛙壶菌）。非洲爪蟾并不会受到这种真菌的威胁，但是其他青蛙却可能因此患上足以致死的疾病。

小知识

两栖动物已经在地球上生存了3.6亿年，现在，它们却成了最濒危的物种之一。它们的皮肤通常非常薄，很容易透过一些有害物质。因为它们是水陆两栖的动物，所以会遭受两种环境中污染的伤害。

287 为什么企鹅没有耳郭？

◎ 是为了防止耳郭在冰冷的水中冻结吗？不是的，因为北极熊就有耳郭，而且也不会冻结。**企鹅**没有耳郭是因为它们属于鸟类。它们确实有耳朵，但隐藏在羽毛之下。而且如果长了耳郭，企鹅的身体就没有那么流线型了，这样也不利于快速游泳。另外，如果企鹅真的长了一对招风耳，那看起来一定会特别滑稽可笑。

◎ 和其他鸟类一样，企鹅是身披羽毛的卵生恒温动物。它们黑白色的外套由紧实密布的羽毛组成。即便在狂风暴雨之中，这些羽毛也不会被吹散。在这层羽衣之下，企鹅还穿了一件由厚厚的脂肪组成的保暖服，可以在零下 60 摄氏度的低温里保护它们的身体。在天气特别冷的时候，它们会紧紧靠在一起，此时企鹅群中央的温度可能比外侧高出 10 摄氏度左右。

◎ 这件温暖的冬季外套前面是白色的，后面则是黑色的，而这绝非是偶然长成的。从水中向上看，由于光照使企鹅白色的腹部看起来并不显眼。从空中俯看，企鹅背部的黑羽又和黑暗的大海难以区分。这样企鹅游泳时，逆戟鲸和鲨鱼就看不到它们了。所以说这件别致的外套是一种非常棒的保护色。

长着耳郭的企鹅

◎ 企鹅不会飞，但有些企鹅可以跳得很高。在水中游泳时，它们会让自己身体周围裹上一层气泡，然后尽可能快地游到水面，这时它们可以跳起 3 米高，跳到冰面上。不过它们通常不能第一次就成功跳到这个高度，于是便会出现一种滑稽的场面：一只企鹅从水中垂直跳出，然后便消失不见了。对企鹅来说，跳跃也是摆脱逆戟鲸和豹海豹追击的好办法。

288 会有哺乳动物产卵吗？

没错！有少数几种哺乳动物是会产卵的，它们就是针鼹和鸭嘴兽。它们都属于“单孔目”的动物，其祖先可以追溯到恐龙时代。

以**澳洲针鼹**来说，雌性澳洲针鼹会产下一枚软壳的蛋，将其放在腹部的育儿袋里。幼崽破壳而出后，会在育儿袋里生活6~8周。澳洲针鼹居住在澳大利亚和新几内亚东部。它们身上长着刺，还有尖尖的鼻子，可以捕捉蚂蚁、白蚁和其他昆虫。

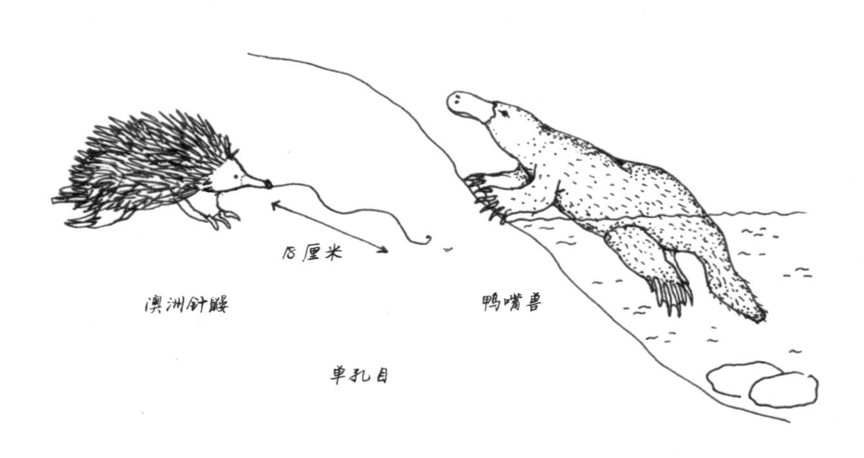

如果遇到了蚁丘或白蚁丘，它们就会用那强壮的爪子把它扒开，再用它那可以伸出口鼻外 18 厘米长的带有黏性的舌头捕食里面的蚂蚁或白蚁。

来自澳大利亚和塔斯马尼亚的**鸭嘴兽**也会产卵。刚孵化的小鸭嘴兽还不到 3 厘米大，一出生就会立刻去寻找母乳。鸭嘴兽长着坚固的喙，这使它的头部看起来有点像鸭子的头部。它们特别擅长游泳。无论是趾间的蹼，还是那扁扁的身体以及像河狸般的尾巴，都能帮助它们游得更快。

289 动物的寿命有多长？

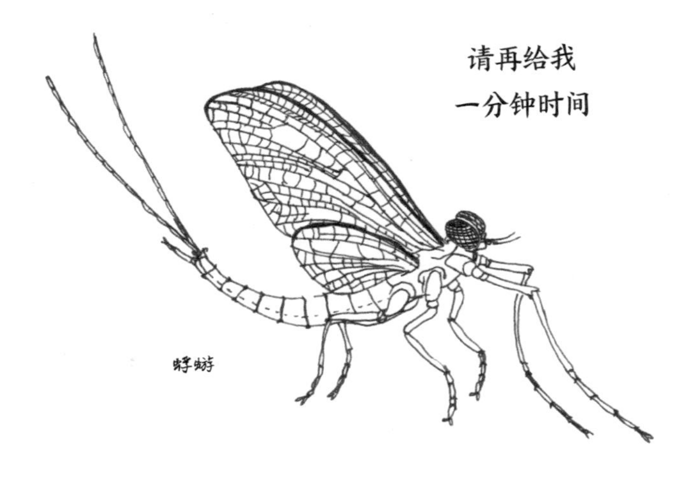

◎ **蜉蝣**的寿命非常短，成虫的平均寿命只有 30 分钟到 24 小时。这么短的时间可不够实现各种各样的理想和目标。还好蜉蝣并没有什么远大抱负。它们甚至连吃东西都不会，因为它们的口器没有相应的功能。它们唯一想做的事情就是交配。所有的蜉蝣会聚集在一起，雄性组成虫群，雌性随之而来。它们相互交配，雌性在水上产卵，然后不久它们便死亡了。这就是蜉蝣短暂的一日生命。

◎ 与之形成鲜明对比的是多孔动物——**海绵**，这种生物的寿命可能会超过 2000 岁。

◎ 其他长寿的物种包括：**蛤**（410 年，2007 年在冰岛沿海地区发现了一只最长寿的蛤，被命名为“明”），**锦鲤**（最长寿的一尾活了 226 年），**海胆**（200 年），**弓头鲸**（200 年），**加拉帕戈斯象龟**（175 年）。

◎ 甚至有一种动物被认为是“不朽的”，它的学名是 *Turritopsis dohrnii*。这是一种**水母**，可以从性成熟阶段恢

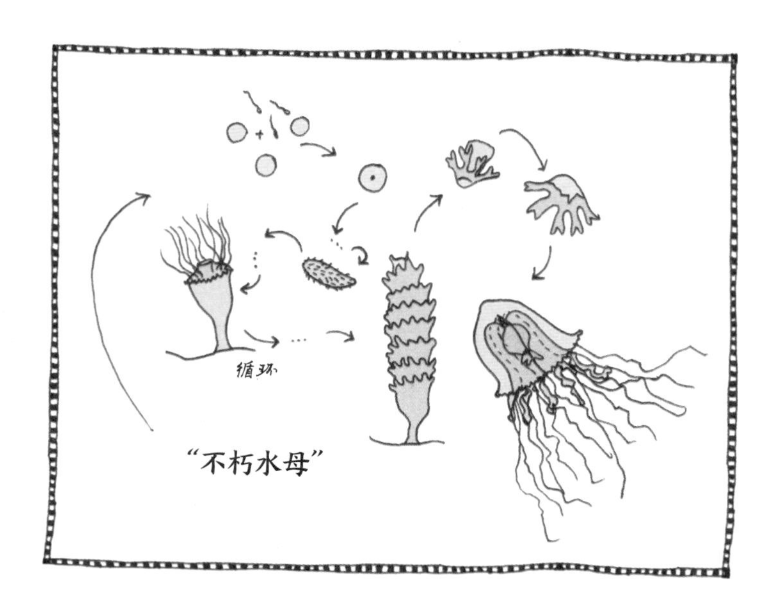

复到幼虫阶段。它的生命过程是这样的：在有性生殖之后再次回到水螅型，聚集成水螅体生活在一起。从水螅体中又会长出水母，并在两周内性成熟，然后再次回到水螅型阶段。这就好比一个人类在怀孕生子之后再次变回胚胎一样。这样水母就可以一次又一次地重新开始生命，并由此获得永生。但这种水母并不会一直这样，它们只有在条件恶劣时才会不断新生，例如水温太低的时候。现在这些水母的生长状况非常好，它们正忙着征服各地的海洋。或许不久后，这世界就是“不朽水母”的天下了！

290 如何知道一条鱼的年龄？

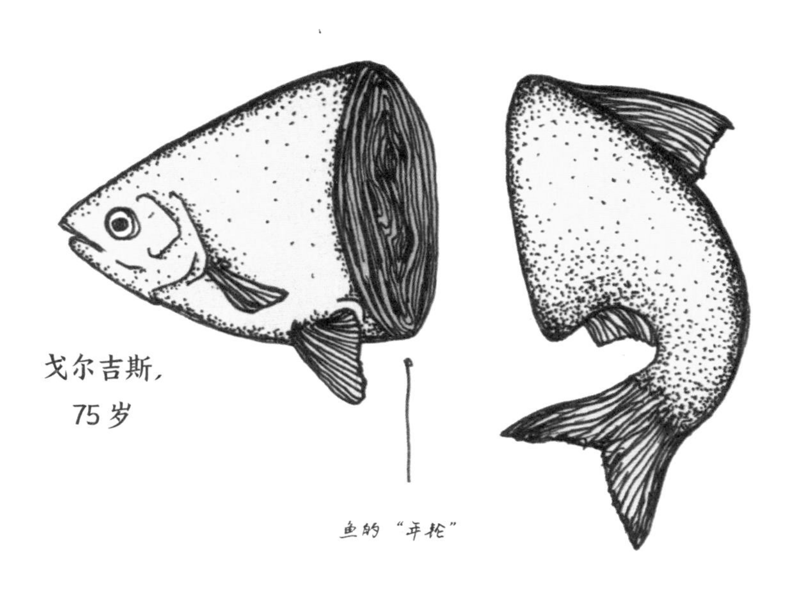

◎ 你肯定听说过年轮吧？没错，就是树木被砍倒之后，树干上那一个个同心圆环。数一数年轮，你就能知道树的年龄了。

◎ 信不信由你，鱼有着几乎完全一样的“年轮”。想看看这些年轮也不需要把鱼杀掉。只要取一些鳞片，然后在显微镜下观察。你可以从鳞片上的圆圈计算出鱼的年龄，或者至少可以估计一下。因为鱼鳞有时会掉落，而新的鳞片长出来后，上面的圆圈就没有之前那么多了。

◎ 还有一种计算鱼的年龄的方法，就是观察鱼的耳石。但你必须把鱼杀死才能取得它的耳石。当然，你还需要知道耳石的位置。它们是平衡器官中的小石头，每年都会变得更厚一些。只要把它们切开，你就可以准确地计算鱼的“年轮”了。

◎ 你知道鱼的一生都会不断长大吗？这点就和树木一样。动物通常会在成熟后停止生长，但鱼类不同。至于长大多少则取决于鱼的生活环境。在冬天，它会停止生长；到了夏天，它又会再次长大。但是如果没能在夏天找到足够的食物，它就会长出一个额外的年轮。所以说，想要准确算出鱼的年龄并没有那么简单。

291 蛇有尾巴和耳朵吗?

问题 1：蛇有尾巴吗?

没错！蛇的尾巴就是它泄殖腔后方的部分。蛇的泄殖腔就是它的肛门，蛇的输尿管和直肠（对雌蛇来说还有输卵管）都在这里交汇。泄殖腔上面有一个小盖子，可以关闭这个开口。雄蛇身上有一对呈叉状的半阴茎，平时收藏在其尾巴之中，交配时会翻出。这种特殊的阴茎只能和同类雌蛇的生殖器结合，因此极北蝰就不能和蚺交配。

问题 2：蛇能听到声音吗?

不能，因为它们没有耳朵。但它们可以感受地面的震动，从而精确地判断出猎物的方位。

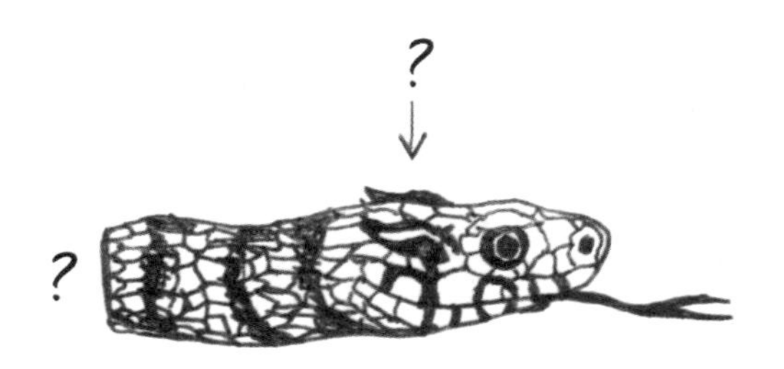

292 鸟儿为什么会飞？

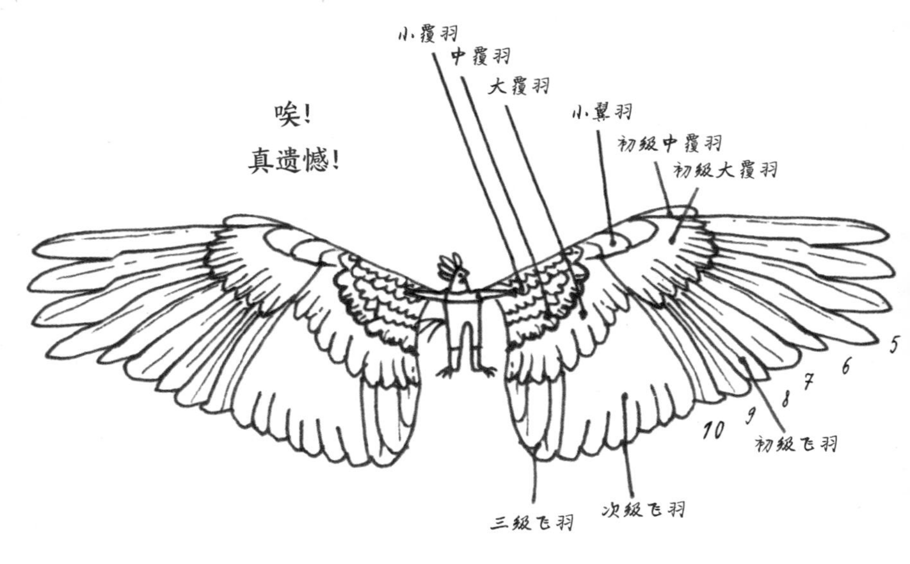

人类可不是为了飞翔而生的

人类可以乘坐飞机或直升机飞行，但是如果能像**鸟儿**那样，翱翔在云朵之间，世界在你身下滑过，那将会多美妙啊！

鸟儿确实是为了飞翔而生的。首先，它们的重量很轻，因为它们有着特殊的骨骼。鸟类骨骼的内部是空心的，里面有许多小气囊，中间纵横交错着可以加强结构强度的连接，看起来像是一个蜂窝似的网络。这样的结构使得鸟类的骨骼不仅极轻，而且非常坚固。

其次，鸟类长着带羽毛的翅膀，这些羽毛也非常轻。不同的羽毛有着不同的功能。例如飞羽可以帮助鸟儿飞向空中，提升飞翔的速度。鸟儿可以调整翅膀尖端羽毛的位置，从而在疾飞的时候转向和掉头。

除此之外，鸟类还有发育良好的胸肌，附着在一块特殊的胸骨上。上升需要付出很多的精力和力量，所以发达的肌肉必不可少。

飞上天空之前，鸟儿会拍打翅膀。当它张开双翼，风会先流过翅膀的顶部，然后才会从翅膀下方穿过，于是鸟儿就会被抬高一点。这就是鸟儿起飞时需要振翅的原因，拍打的动作可以帮助鸟儿前进和上升。飞起来之后，鸟儿就主要利用气流来上升和下降了。这样做比拍打翅膀消耗的能量要少得多。需要改变方向时，鸟儿会向左侧或右侧微微弯身。

293 章鱼到底有什么特别之处？

◎ **章鱼**有 3 颗心脏。一颗心脏将血液泵向全身，另外两颗心脏则将血液泵向鳃部。

◎ 章鱼的大脑多达 9 个。中央大脑位于身体内部，向触手发出移动指令。但每条触手上都有一个大脑。这些大脑会处理中央大脑的指令，确保章鱼抓住猎物。

◎ 章鱼用触手嗅探气味、品尝味道，也就是说它们会尝到自己触摸到的一切，这样就能探测出很多东西。例如章鱼可以清楚地知道蜗牛壳是不是空的。章鱼的每条触手上都有 1~2 排吸盘，这些吸盘非常强大。每个吸盘上都有一个环圈或者漏斗状的结构，可以产生巨大的吸力。

◎ 一只很大的章鱼也可以穿过一个很小的洞。只要它的喙可以通过这个洞，身体的其余部分就可以通过……

◎ 遭遇危险时，章鱼会从墨囊中喷出有毒的墨汁，这种墨汁可以影响鲨鱼的嗅觉。对于人类来说，只有蓝环章鱼的墨汁足以致死。

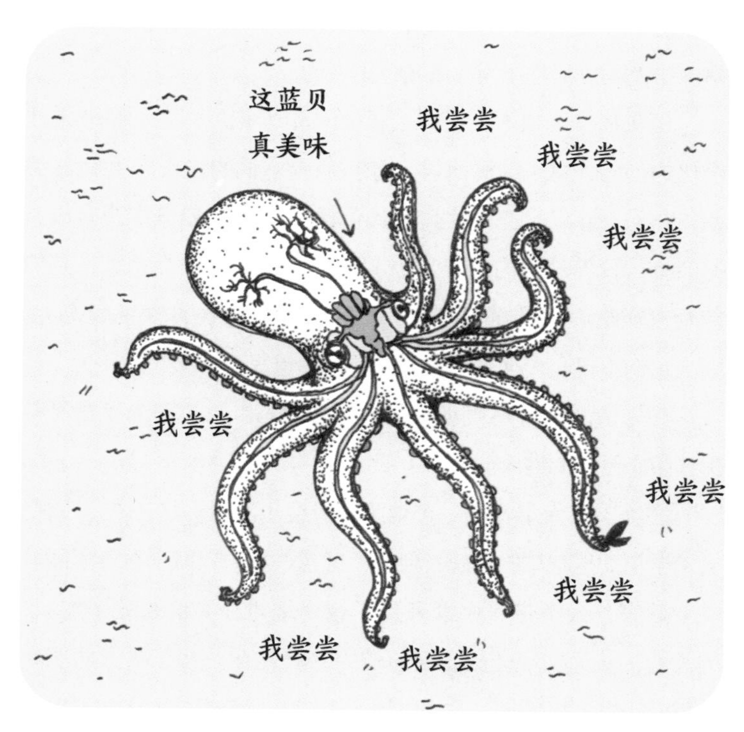

章鱼需要思考9次，才能确认自己是否对食物感到满意

294 大灰狼真的恶贯满盈吗?

在《小红帽》《三只小猪》《灰狼和七只小羊》这些童话故事中，大灰狼都是作为反派角色出现的。

但**灰狼**其实根本不是什么恶棍。恰恰相反，它们是非常社会化的动物，总是结群而居。家庭就是它们的一切。在危急关头，它们愿意以自己的生命为代价保护家人。狼群中所有成员都会参与抚养幼崽的工作。灰狼只为了获取食物而杀戮，它们特别喜欢吃鹿肉。通常情况下，它们都不会伤害牲畜和人类。因为它们不喜欢人类，宁愿离人类越远越好。

你知道灰狼对环境也有很大的影响吗？灰狼群的存在可以保证生态系统的健康。

在美国蒙大拿州的一个地区，曾经生活着许多灰狼。它们会捕食在那里吃草的驯鹿，但从不肆意杀戮，只取食自身所需。

后来，人类带着牛群来到了这个地方，人们杀死了灰狼，因为他们认为灰狼会威胁到他们的牛。结果，少了天敌的驯鹿在短时间内大幅增加，它们吃掉了小树，只有粗壮的大树得以幸存。河里的鱼儿平时喜欢待在河边有树木荫蔽的地方，而树木的减少意味着树荫的减少，因此鱼的数量也减少了。因为可以筑巢的树木太少，鸣禽也消失了，这导致了昆虫数量的增加。

灰狼的减少也导致了郊狼的增加。郊狼吃掉了地松鼠。少了这些在草地上挖洞翻土的地松鼠，植物的生长也受到了阻碍。

现在你明白了吧，灰狼对环境可是非常重要的。它们不仅确保其他物种能够生存，还使得生态环境保持健康。所以把灰狼比作恶棍真的只是童话故事而已！

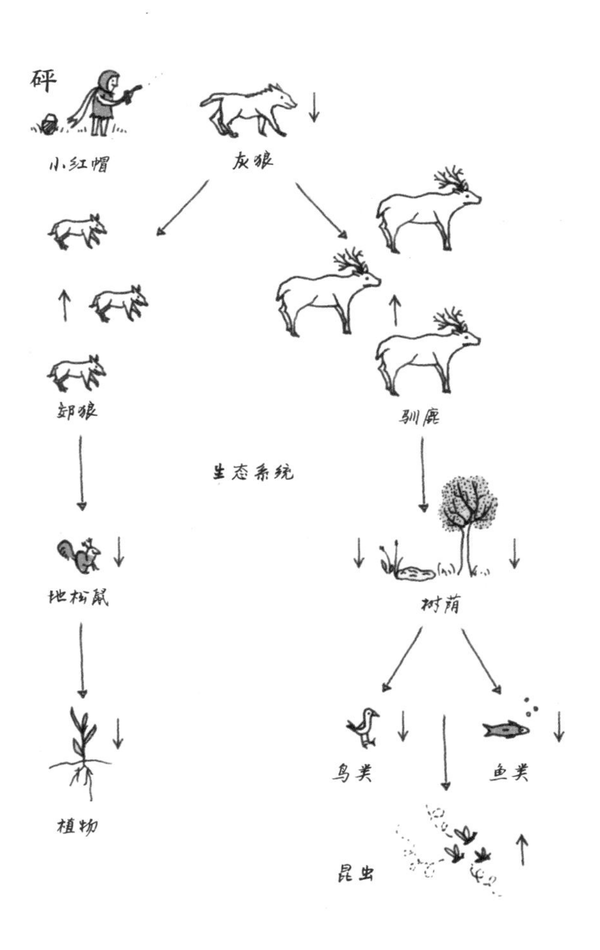

295 蝙蝠真的会飞到你的头发里吗？

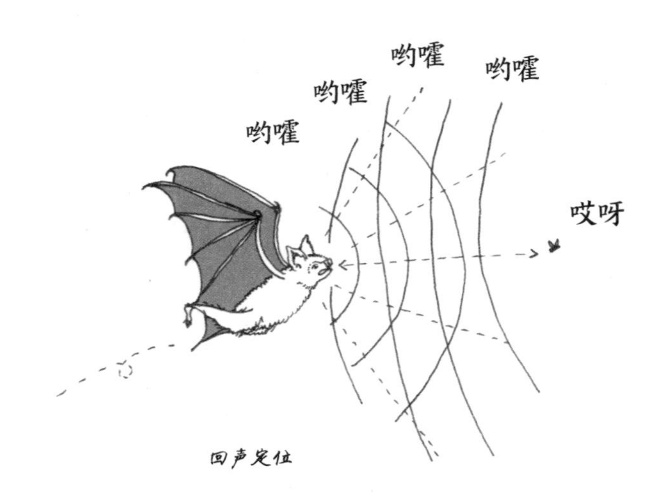

回声定位

有些动物可以通过发出声音和听取回声来确定物体的方位。这样做是因为它们的视力不够好，以及（或者）周围的环境太黑了。这种原理被称为“回声定位”或者“声呐”。

蝙蝠使用回声定位是因为它们的视力不太好，而且它们主要在黑暗中活动。它们能够发出非常高的嗡嗡声，人类是听不到这种声音的。通过听取这些嗡嗡声引起的回声，蝙蝠不仅可以避免撞上各种障碍物，而且还能找到鲜嫩多汁的蚊子。

全世界有超过 1000 种蝙蝠。其中有的蝙蝠很小，只有几厘米大，甚至可以被放进火柴盒里。然而这种叫作**伏翼**的小蝙蝠每晚可以轻松地吃掉 300 只蚊子。

澳大利亚有一种巨大的蝙蝠，叫作**狐蝠**。这种蝙蝠的重量可达 1 千克，主要以水果为食。

雌雄蝙蝠在一年中的大部分时间里都是分开居住的。到了秋天，它们开始寻找交配对象。此时，雄性蝙蝠会发出一种“性感”的声音来吸引雌性，人类也可以听到这种声音哦！听到声音后，雌性蝙蝠会决定是否要和发声的雄性结合。就这样，一群雌性蝙蝠会慢慢聚集在一只雄性蝙蝠周围，然后它们便可以开始交配了。

刚出生的小蝙蝠是粉红色的，只有一层短短的小绒毛。蝙蝠妈妈会把蝙蝠宝宝留在“托儿所”里，自己出去打猎。

在古老的传说中，蝙蝠会飞到人类的头发里面筑巢。但这只是虚构的传说而已。所以，当你在温暖的夏夜坐在室外乘凉时，就请安心地观赏它们精彩的飞行表演吧！

296 恐龙和鸡真的有关系吗？

古生物学家是研究化石及其中有机物痕迹的科学家。他们试图通过自己的发现，描绘出地球和地球居民数百万年前的样子。

玛丽·H. 史韦茨尔（Mary H. Schweitzer）就是一位古生物学家。2005 年，她在一头**霸王龙**的股骨中发现了一小块软组织。这令她欣喜若狂，因为她可以通过软组织中尚存的蛋白质，搞清哪些现存的动物是和霸王龙有关的。

玛丽和其他科学家一起比较了这头恐龙与 21 种鸟类的遗传物质和 DNA。他们研究的鸟类包括火鸡、鸭子、斑胸草雀、鹦鹉和鸡。在所有这些鸟类中，鸡与它们的远古祖先最为接近。

自从和披羽的恐龙分开之后，它们的遗传物质并没有发生很大的变化。

有些古生物学家的研究更进一步，例如，杰克·霍纳（Jack Horner）希望将来能够用鸡的 DNA 使恐龙“再生”，或者重新创造恐龙。所以你早餐吃鸡蛋的时候要小心啦，谁知道里面会不会藏着一头恐龙呢……

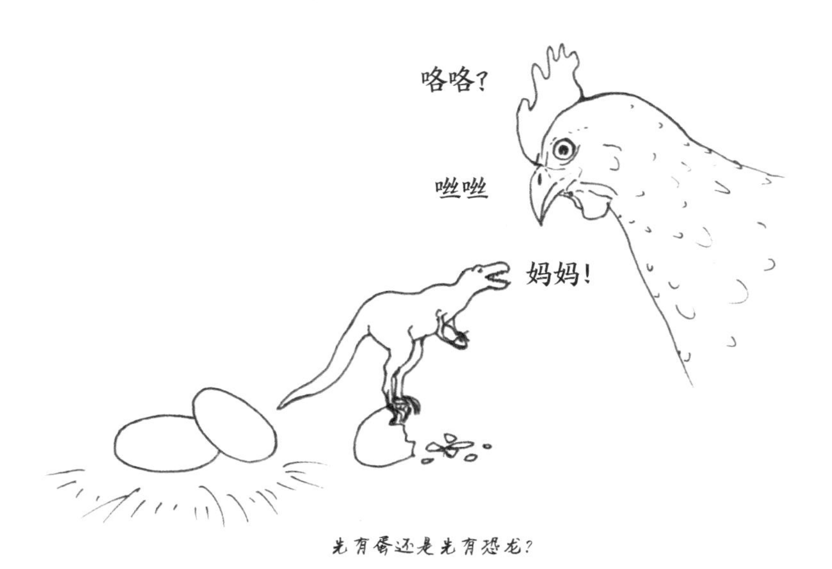

先有蛋还是先有恐龙?

297 虫子是怎么跑到苹果里面的？

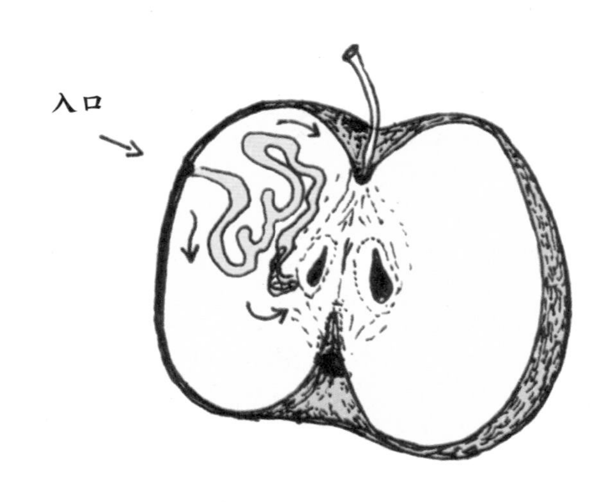

这儿有一个漂亮的红苹果。你咬了一口，嗯，味道真好！可这时你忽然看到里面爬出了一条小**蠕虫**，正在好奇地探头探脑。你可能不愿意继续吃这个苹果了。但那只小虫子究竟是怎么钻进苹果里面的呢？

这种虫子可能是**苹果蠹蛾**的**幼虫**。这种虫子会将卵产在果树的果实和叶子上，这些白色的卵只有 1.3 毫米大。苹果蠹蛾会选择有种子的果实，例如苹果、梨、樱桃、桃子或李子。一旦从卵中孵化出来，幼虫就会钻到这些果实的种子里。如果仔细观察，你可以看到幼虫进入水果时钻的孔，孔道里还留着幼虫的粪便。幼虫会一路挖到种子的位置。这种情况如果发生在早春的时候，这些果实通常会从树上掉下来。如果发生在晚一些的时候，果实就会被咬出好多虫眼，看起来不再美味。

到了 8 月或 9 月，毛毛虫会从果实里爬出来，作茧用以越冬。你可以在树皮上或者地面上找到这些茧。之后，苹果蠹蛾破茧而出，把卵产在新的果实上，生命的循环便再次开始了。

298 糖果里真的有虫子吗？

红色糖果、红色牛奶饮料和许多其他红色食物中都含有胭脂红，而这种物质来自**胭脂虫**。是不是令人难以置信？但这的确是事实！没错——包装上画着草莓的粉红色牛奶饮料里面藏着的可能是虫子，而不是水果。

胭脂虫生活在仙人掌上，它们产生红色的物质是为了抵御攻击。早在几百年前，阿兹特克人和玛雅人就已经知道了胭脂虫的存在。他们用胭脂红给衣服染色以及制作化妆品。在那个时代，胭脂红非常昂贵。阿兹特克人甚至会用它来缴税。

西班牙征服者把胭脂红从墨西哥运到了欧洲。在那里，人们用这些物质为红衣主教（他们是天主教会中的重要人物）的衣服和英国士兵的制服染色。

后来，欧洲人发现自己可以在更近的地区获得胭脂红，尤其是在加那利群岛。他们在各种食物中越来越多地使用这种染料：饮料、饼干、冰淇淋、布丁、糖果、口香糖……人们甚至把药丸和咳嗽药片也用胭脂红染上了颜色。

你可以看看红色糖果或者饮料的成分列表，上面有没有“天然色素 E120”呢？这种色素就是用胭脂虫制作的。所以说，素食主义者可得小心所有红色的东西啦。

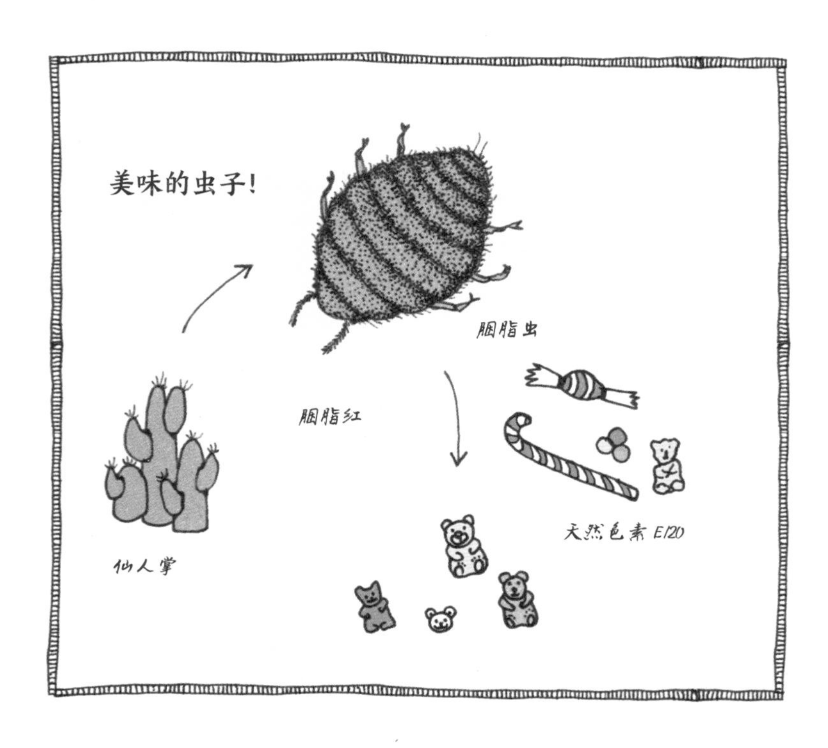
美味的虫子！
胭脂虫
胭脂红
仙人掌
天然色素 E120

299 是否有未被生出来的蛋？

注意啦，下面我们要讲一个比较复杂的概念：“**卵胎生**”，又叫“**半胎生**”。当然，听到这个词，你可能也不知道它究竟是什么意思。

“卵胎生”这个术语指的一些动物通过卵进行繁殖的方式。但卵胎生的动物并不会在体外产卵和孵卵，它们在体内受精，并把受精卵留在体内孵化。部分的鲨鱼和其他一些鱼类、蜗牛和爬行动物都属于卵胎生。

但人类不也是通过卵子和精子结合而繁殖的吗？这和卵胎

生有什么区别呢？

人类的卵受精后会移动到输卵管，并发育成胚胎，然后变成胎儿。婴儿通过“胎盘”和母亲连在一起，并用脐带获取氧气和营养。

但对于卵胎生的动物而言，卵受精后只是留在母体内而已。幼体在卵膜内部发育，并从卵黄中获取营养，幼体和母体并不相连。强壮的幼体可能会吃掉较弱的兄弟姐妹，当幼体准备好要出来时，一般都会是一个活跃的宝宝。

PS：卵胎生的动物有肚脐吗？

好问题！当然，卵胎生动物很可能是有肚脐的。哺乳动物和母体通过脐带连在一起，而肚脐则是脐带断掉后留下的疤痕。通常情况下，从卵中孵化的动物也会通过一种带子和卵黄相连，所以它们也有一种小小的肚脐，不过几乎看不出来。

300 大象的耳朵为何那么大?

耳朵最重要的用途就是听声音。有些动物的耳郭特别大，而且通常可以向各个方向移动，这样就可以从周围的环境中听取大量的声音了。耳朵最大的动物要数**大象**。听声音当然是大象耳朵的功能之一。大象能听到数英里之外的声音，还能听到人耳听不到的低频声音。

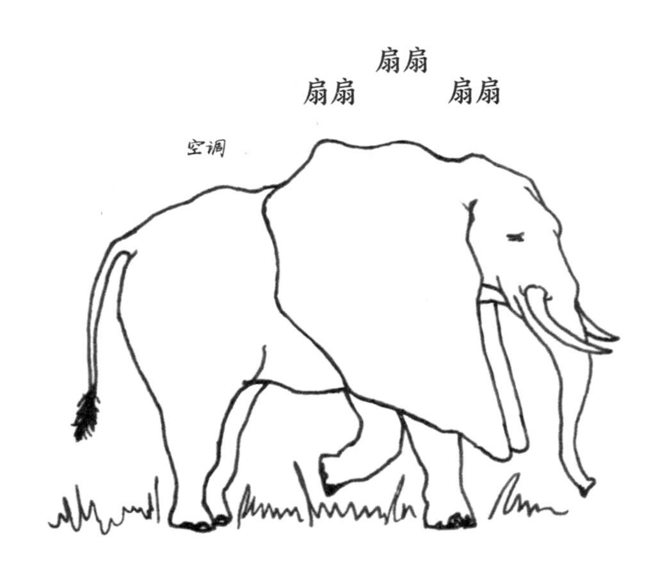

不过，你知道大象的耳朵还是一台性能很棒的“空调”吗？大象不能像人类那样出汗。因为体形庞大，它们会产生大量的热量。而且它们生活在热带和亚热带地区，经常会出现高温。幸好它们有一个调节体温的好工具——那对巨大的招风耳。

大象耳朵的皮肤下面充满了细小的血管。如果体温高于环境温度，大象就可以通过耳朵来散热。这对耳朵还会像巨大的风扇一样前后扇动，带来阵阵凉风。因此，又大又薄的耳朵，加上前后扇动带来的凉风，大象能够让体温降低 5 摄氏度。

亚洲象的耳朵比它那些非洲亲戚的耳朵要小，你能猜出其中的原因吗？

亚洲象生活的环境中有更多树木，所以更加阴凉。而非洲象生活在广阔的平原上，那里非常炎热。因此，亚洲象并不需要那么大的耳朵用来降温。

301 人类被头虱困扰多久啦？

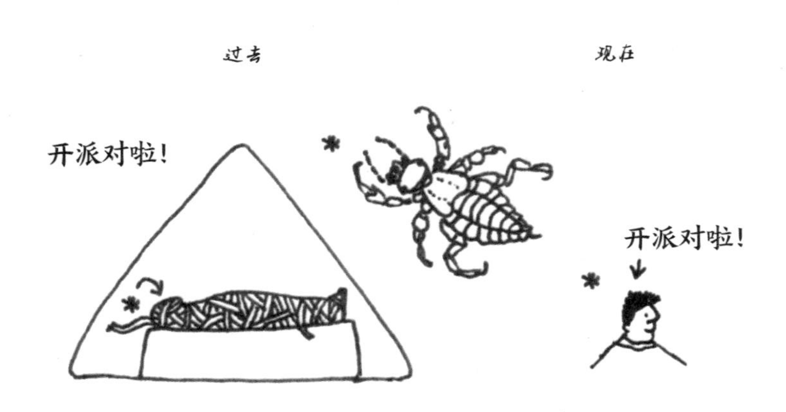

感觉耳朵后面和脖子上有些痒痒的？好好检查一下头发吧，或许你的头上正住着一家子**头虱**呢。不过别害怕，头虱并不会传播疾病，它们也没有危险。除非你对它们的唾液过敏——那样你就会因为头虱的啮咬而感觉瘙痒。

头虱已经与人类共同生活很长时间了，甚至在古代木乃伊中也有头虱的痕迹。这些动物不会跳，也不会飞，只能从一个头爬到另一个头上去。所以只有头部相互接触，或者通过帽子，头虱才能移动到别处。

头虱的大小和芝麻差不多。这些浅棕色和深棕色的小家伙长着小小的腿和爪子，可以抓住你的头发。它们以吸食人的血液为食，并完全依赖这些食物而生存。如果你把它们从头上拿下来，它们最多只能存活 24 小时。

你并不能通过洗澡之类的方式把头虱溺死，因为它们很擅长屏吸，甚至能坚持 2 个小时。它们也完全不受洗发水和沐浴露的影响。头虱并不在意你的头发干不干净，它们喜欢每个人的头部，甚至比起脏兮兮的头发它们更喜欢干净的头发。

雌性头虱每天会产下 4~8 个卵，然后把卵粘到你的头发上。这些卵被叫作虱卵，它们比头虱本身更加难以去除。头虱只需要交配一次，就可以使雌性身上所有的卵受精。一只雌性头虱一生中会产下 90~120 个卵，于是便会有一大堆头虱宝宝在你的头顶狂欢。

302 蛇的舌头为什么是分叉的?

蛇的舌头是用来感知气味的。它伸出舌头，快速地前后移动，把非常小的气味颗粒粘在舌头上，接着缩回舌头，把舌尖的两个小叉子放入口腔上方的两个小洞里，那就是蛇的雅各布森氏器官（犁鼻器官）。这个器官可以向蛇的大脑传递关于外界情况的信息，例如附近是否有美味的小老鼠，等等。

但是为什么蛇的舌头前端是分叉的呢？原来，这样的舌头可以帮助蛇辨别气味的来向。蛇在闻味时会把两个小叉子尽可能地展开，粘上气味颗粒后缩回口中。这时一侧的气味颗粒会多于另一侧，这样蛇就知道猎物移动的方向了。蛇还有一个可以嗅探气味的鼻子，能够收到许多额外的信息，因此它其实可以闻到“三维立体”的气味。试试用你的舌头闻闻味吧！哈哈，你大概没有这种特异功能。

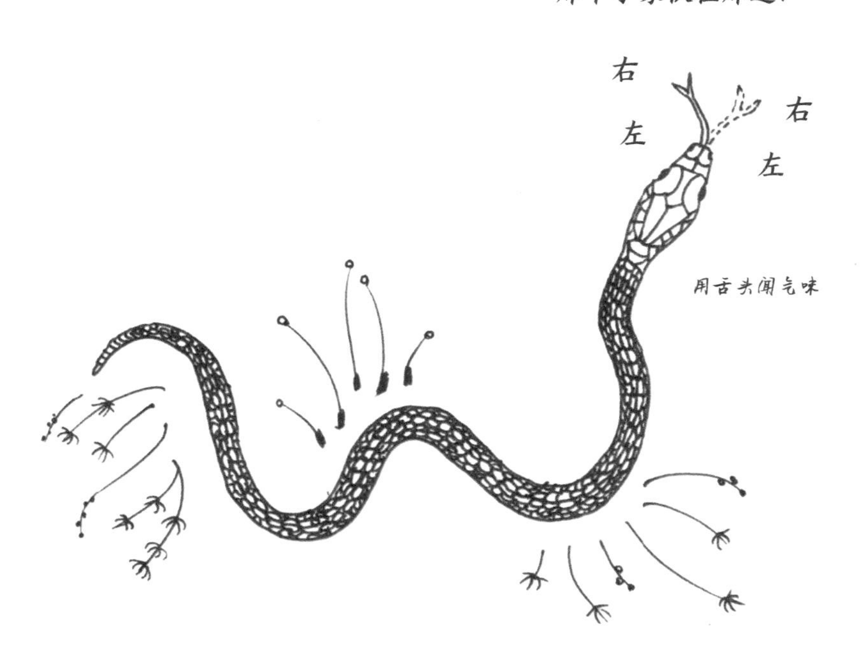
那个小家伙在那边！
右
左
右
左
用舌头闻气味

303 世界上有没有会飞的哺乳动物呢？

当然有！那就是**蝙蝠**。

凹脸蝠

世界上有许多不同大小和类型的蝙蝠。现在已知的就超过 1000 种，而科学家们怀疑这个数字还会增加。地球上所有哺乳动物中，五分之一都是蝙蝠。

蝙蝠不得不飞行。因为它们的腿发育得非常不好，大多数蝙蝠甚至都不能行走。你可以在后面的文章中进一步了解这一点。

蝙蝠分为两个亚目：**大翼手亚目**和**小翼手亚目**。

属于大翼手亚目的蝙蝠通常体形较大，不过也有一些小翼手亚目的蝙蝠比大翼手亚目的蝙蝠还大。大翼手亚目中，最大的当数大狐蝠。这种蝙蝠的翼展足有 1.5~1.8 米，重量大约 1 千克。大翼手亚目中，最小的是安氏长舌果蝠。它的翼展“只有”25 厘米，重量仅有 14 克。

小翼手亚目中，最大的是美洲假吸血蝠。这种蝙蝠的翼展长达 1 米，重量 140~190 克。最小的则是凹脸蝠。这种小蝙蝠的体长仅 3 厘米，重量只有 2 克，是体形最小的哺乳动物。

大翼手亚目中的大多数蝙蝠都以水果为食，有些种类会在进食之前把水果挤压成果泥。小翼手亚目的蝙蝠则通常以昆虫为食。它们的饭量可不小哦！一只蝙蝠一晚就可以吃掉 300 只蚊子和其他小昆虫。那吸血蝠呢？你可能已经猜到了，这种动物是会吸血的。不过别担心，它们并不会在受害者的脖子上咬个洞，然后把血全部吸干。它们只会咬开一两个小口，然后舔食流出的血液。这听起来有点恐怖，但是真的没什么好害怕的。我们周围并没有吸血蝙蝠，而且被它们咬过的牛和鹿看起来并没有什么不舒服的感觉——当然，我们也不能完全确定事实真的如此。

304 我们能复活猛犸象吗?

最后一只**猛犸象**死于大约 4700 年前，猛犸象灭绝的原因是气候变暖和人类的捕杀。这些生活在北极地区的动物已经完全适应了寒冷的环境，而过高的气温足以要了它们的命。

不过我们仍然能了解许多关于猛犸象的知识，因为它们的遗体在永冻层（也就是永久冻土）中保存得很好。因为侵蚀作用和全球变暖，永冻层融化，而那些冰封的秘密也随之显露出来。

冰冻猛犸象

2007年，科学家们在西伯利亚发现了两副几乎完整的猛犸象幼崽遗体。它们的尸体保存得非常完整，科学家们甚至可以从中看出它们的死亡原因。这些可怜的猛犸象的鼻子和气管里充满泥浆而无法排出，因此窒息而死。

一些科学家甚至梦想着复活猛犸象。为此，他们准备使用一头大约50岁的雌性猛犸象“毛毛”（Buttercup）的遗传物质。他们甚至还建立了一个名为“复活猛犸象”（The Woolly Mammoth Revival）的项目，旨在克隆毛毛。

有些科学家怀疑这个想法是否真的可行。自猛犸象灭绝以来，世界已经发生了翻天覆地的变化，尤其是微生物，已经和几个世纪前的情况完全不同了。正如其他动物一样，猛犸象需要特定的微生物以消化食物。但如果这些微生物已经不存在了呢？那被克隆出来的猛犸象可就太悲惨了。目前科学家们还没“造出”新的猛犸象宝宝，这听起来是个不错的消息。

305 为什么小熊猫看起来不像大熊猫呢?

首先要说明一点：**小熊猫**不是熊猫。虽然它和那位黑白色的大哥一样爱吃竹叶和竹笋，一样生活在亚洲，但这两种动物在其他方面并没有什么共同点。小熊猫科就只有小熊猫一种动物，它们与臭鼬和浣熊有着更近的亲缘关系。

小熊猫的脑袋和长长的尾巴都是红白相间的，而腹部和腿部则是黑色的。神奇的是，这些都是效果奇佳的保护色。遇到危险时，小熊猫会躲到云杉的树顶，那里生长着红色的苔藓，这样你就几乎看不见它了。

小熊猫在它生活的国度当然有着自己的名字。但在西方，它本应被称为“哇”（wah）。情况是这样的：英国生物学家托马斯·哈德威克（Thomas Hardwicke）于1821年发现了小熊猫，并在伦敦林奈学会（Linnean Society of London）的演讲中介绍了这种动物。伦敦林奈学会是一个收集和传播各种有关自然的信息的重要组织。哈德威克在演讲中提到了他在喜马拉雅山发现的这种新动物，并把它称为“哇”。这是小熊猫在当地的名字，可能来自这种动物发出的叫声。不幸的是，哈德威克直到1827年才完成他的正式报告，而那时法国动物学家弗列德利克·居维叶（Frédéric Cuvier）已经把这种动物命名为“小熊猫”了。真是太遗憾了，毕竟还是“哇”这个名字更有趣一些，不是吗?

哇？！
小熊猫

306 为什么我没见过蝙蝠走路呢?

一般情况下，**蝙蝠**不是倒挂着，就是在飞行。你很少能看到它们在地上走动，因为它们真的很不擅长行走。蝙蝠的身体就是为了疾速飞行而生的：符合空气动力学的形状，轻薄、柔韧且极为灵敏的翅膀，表面覆盖着默克尔细胞——这种细胞是触觉感受器，你的指尖上也有这种细胞。蝙蝠的骨头也非常轻，即使是体形较大的蝙蝠也不会很重。

蝙蝠的腿是用来帮助它们倒挂的。腿上的骨头非常细，以免重量过大而影响飞行。这双腿并不强壮，骨头也非常脆弱。此外，蝙蝠的膝盖向后弯曲，而大多数能够行走的动物的膝盖则是向前弯曲的。

当蝙蝠落在地面上时，它会用前肢拖动自己前行，试图减轻后腿的压力，以防后腿受伤。这样子看起来很笨拙，甚至有点可怜。

不过当然也有例外。吸血蝙蝠和新西兰短尾蝙蝠就会在地上行走，吸血蝙蝠行走时甚至可以达到每小时 4 千米的速度。虽然听起来不算很快，但对于这样的一只小动物来说已经很不错了。有了这样的行走能力，吸血蝙蝠就可以在地上觅食。新西兰短尾蝠的脚趾和翅膀上的主爪都生有小爪，可以帮助它行走。当然啦，飞行也是这两种蝙蝠的拿手好戏。

这坡也太陡了吧，唉！

307 鱼类可以倒着游泳吗?

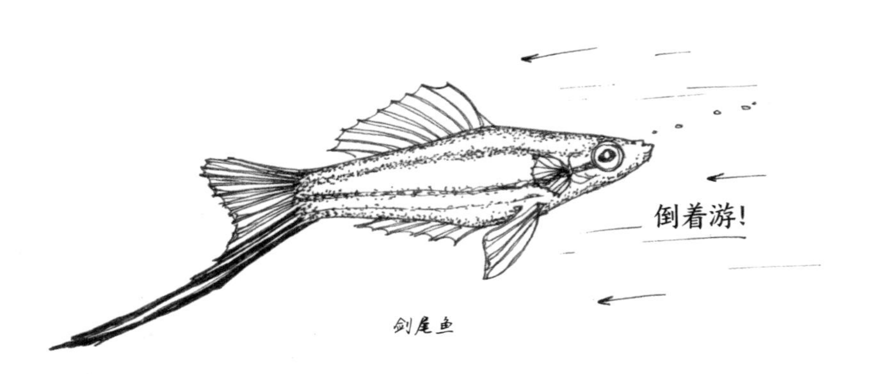

这个问题问得好！答案是——可以！有些鱼是出色的倒游专家，例如**鳗鲡**、**慈鲷**和**电鳗**，就连最常见的**鲫鱼**有时也喜欢倒退着游泳。

当然，鱼并不是为了倒退着游泳而生的。它们通常使用尾鳍推动自己前行，此时身体后部强壮的肌肉也会帮助它们移动。但有些鱼会摆动背鳍和臀鳍以向后行进。

例如，**电鳗**向后游泳的技能几乎和向前游泳一样出色。它们生活的地方通常有很多泥浆，周围的环境很难看清，因此电鳗并不信任自己的眼睛。它们通过追踪电波来寻找猎物。它们会用身体后部的放电器捕捉这些信号，同时向后游过猎物。只有当猎物位于电鳗前方时，它们才会迅速向前捕捉猎物。研究人员认为，电鳗向后游动是为了把猎物完完整整地“扫描”一遍，从而确切了解猎物的大小。如果电鳗向前游，那么等它完成“扫描”时，猎物就已经到了它的尾部，这样捕捉的难度显然会增加。

有一种水族箱中常见的鱼叫作**剑尾鱼**。雄性剑尾鱼会向后游动，吸引雌性的注意。那样子就好像在说：“嘿，瞧瞧我多棒啊！我不仅会正着游，还会倒着游呢！”没错，这样做确实能得到雌性剑尾鱼的青睐！

308 人类能有多害怕动物？

有些人一看到动物就会吓得不行，而且不仅仅是害怕而已，他们可能会昏倒、心悸、开始出汗或者迅速逃跑。这种对于动物的无理由恐惧被称为**“动物恐惧症”**（Zoophobia）。

有些人害怕所有的动物，不过大多数人只害怕特定种类的动物，可能是真正非常恐怖的动物，比如鲨鱼或者熊，但也有非常无辜的动物，比如贻贝。

所有这些动物恐惧症都有自己的名称，通常是由动物的拉丁语或希腊语名称衍生出来的。我们特别为你准备了一份列表，里面包含了不同动物恐惧症的名称。

当动物恐惧症患者遇见动物

动物	恐惧症
蜜蜂	恐蜂症（Apiphobia）
鲨鱼	鲨鱼恐惧症（Selachophobia）
狗	恐犬症（Cynophobia）
昆虫	昆虫恐惧症（Entomophobia）
猫	恐猫症（Ailurophobia）
鸡	恐鸡症（Alektorophobia）
蚂蚁	蚂蚁恐惧症（Myrmecophobia）
飞蛾	恐蛾症（Mottephobia）
鼠	恐鼠症（Musophobia）
蟾蜍	蟾蜍恐惧症（Bufonophobia）
蜘蛛	蜘蛛恐惧症（Arachnophobia）
鱼	恐鱼症（Ichthyophobia）
鸟	恐鸟症（Ornithophobia）
胡蜂	胡蜂恐惧症（Spheksophobia）
蠕虫	蠕虫恐惧症（Scoleciphobia）

309 黑猫到底带来好运还是厄运？

黑猫

首先要搞清楚：关于能带来多少好运与厄运，**黑猫**和条纹猫、斑点猫、白猫或橘猫是没有差别的。请相信我们：所有关于黑猫的传说都只是迷信而已。

但这种迷信是怎么来的呢？很久以前，关于各种自然现象的科学解释还很少，因此那时的人们非常迷信。例如，制作草药的男女通常被称为“巫师”。人们相信这些人会和魔鬼签订契约，干出各种各样的坏事。传说巫师会在半夜伪装成黑猫的样子，偷偷地潜入好人的房子里。人们非常害怕黑猫，他们坚信，如果在路上偶遇了黑猫，死亡很快就会降临。因此，这些可怜的猫咪被大规模地消灭掉了。就像它们的主人一样，一场可怕的死亡在等待着它们。

在其他一些文化中，黑猫则被视为好运的标志。例如，古埃及人将（黑）猫视为神灵，因为猫以老鼠为食，保护了粮食。古埃及人甚至会因为杀死猫咪而受到惩罚。他们对猫极为敬重，家猫死后常常被制成木乃伊，放进家族的坟墓。

在日本，黑猫也是财富和幸福的象征。想要寻找伴侣的姑娘们常常会养黑猫，因为她们相信这些小家伙能够带来桃花运。不知道这招到底有没有用，但是对猫咪来说，这倒是个不错的传言！

310 大象粪便可以做什么？[1]

非洲象是世界上最大的陆生动物，它们的食量当然也很大。非洲象平均每天可以吃掉 140 千克的植物。吃了这么多，自然会排很多便便。非洲象平均每天能产生 100 千克的粪便。你可以想象一下这是什么概念。

幸运的是，大象的便便有着无限的可能性。下面就有一些有趣的例子。

大象的粪便是一种很好的驱蚊用品。用火烤一烤，粪便产生的烟雾会赶走所有讨厌的蚊虫，而且这些烟雾的气味比你使用的由化学物质制作的驱蚊喷雾的刺激性还要小一些。

非洲很多土著居民把这些烟雾当作止痛药，或者用来止鼻血。这是因为大象在森林里吃了很多有治疗作用的花朵和植物。其中只有 40％的食物会被消化，剩下的部分则会被排出体外，因此大象粪便中还残留着植物的药效。他们将这些粪便点燃，让病人来闻这些烟雾。头痛、牙痛和其他讨厌的疾病便消失了，就像积雪消融在阳光下。

你知道新鲜的大象粪便甚至可能挽救你的生命吗？假设你在非洲草原上迷路了，而且到处都找不到水。这时如果你幸运地发现了象群留下的一大堆粪便，就可以从里面挤出水喝。别担心！这些水所含的细菌比你想象的要少，而且这要比脱水的危险小很多。

311 大象粪便可以做什么？[2]

大象的粪便中充满了可以用来造纸的纤维。平均一头大象每天排出的粪便可以生产 115 张纸。这些粪便制造出来的纸张比木浆纸要略微粗糙些，但是使用起来完全没问题，而且还更加环保！

在泰国，有一群爱吃咖啡豆的大象，它们排出的粪便中含有消化了一半的咖啡豆。人们从粪便中取出这些咖啡豆进行烘焙，由此制作出了黑象牙咖啡（*Black Ivory Coffee*）。每 500 克黑象牙咖啡豆轻易就能卖出 400 欧元的高价。只有在非常高级的酒店才能喝到这种咖啡，它的味道似乎有点像巧克力和樱桃。

不喜欢咖啡？那你或许愿意尝尝用这些咖啡豆制作的啤酒——“Un Kono Kuro”。这个名字是一个日语双关语，日语中的“粪便”就写作“unko”。经过发酵，咖啡豆会在酿酒厂里变成醇厚甘甜的啤酒。

人们还能利用大象的粪便生产沼气，一种用于房屋供暖甚至发电的环保替代品。沼气并不能为所有人提供足够的能量，但是对于我们的常规能源来说，这是一个非常环保又很不错的补充。

艺术家克里斯·奥菲利（Chris Ofili）是真正的象粪创意专家。他把大象粪便用在了自己的画作中，甚至还凭借这些作品赢得了重要的奖项。所以，千万别说大象的粪便是“垃圾”哦！

312 可以让昆虫消失吗？

你讨厌嗡嗡叫的蚊子，蜘蛛或蜈蚣能把你吓个半死……哦，我们完全理解。但你知道吗？如果昆虫灭绝，人类将会面临巨大的灾难。在保护地球生态系统上，**昆虫**发挥着至关重要的作用。它们为农作物、树木和其他植物授粉。没有昆虫，就没有水果和蔬菜，甚至也没有巧克力，因为可可树若想结出果实也离不开一种小飞虫的帮助。生活在地下的昆虫能够帮助营养物质进入土壤。几乎所有的昆虫都是大型动物的食物来源，例如鸟类、蝙蝠以及许多两栖动物和爬行动物都以昆虫为食。一些科学家声称，如果所有昆虫都消失了，人类最多只能存活几个月。不过，昆虫真的有可能全部灭绝吗？

昆虫学家是专门研究昆虫的科学家。他们发现飞虫的数量在 27 年的时间里减少了四分之三。1989 年，他们用一种诱捕器捕获了 1~1.5 千克的昆虫。2013 年，同样的实验条件下只捕获了 300 克的昆虫。

有些昆虫学家则认为没有必要恐慌，他们相信我们依然有机会扭转局势。昆虫是非常强大的动物，总是能够快速适应环境。它们的寿命很短，但繁殖能力通常很强，有着数量众多的后代。为了改善昆虫的生存情况，人类必须采取一些重要措施：不用或少用杀虫剂，不要引进外来植物物种，在路边和花园里种植更多的鲜花，为昆虫建立特别的通道，等等。

当然啦，更多昆虫学家也是必不可少的！在未来，我们将迫切需要该领域的人才。如果你还没想好以后学什么专业，不如考虑一下昆虫学吧！这可是一个充满了可能性的学科哦。

如果所有昆虫都死了，我们的末日也来临了

313 鹿豚难道不会头疼吗?

鹿豚

猪的身体上长着 4 条鹿的细腿，这就是**鹿豚**的样子了。 它们的外貌确实称不上好看，但雄性鹿豚有一副非常值得骄傲的獠牙。

最开始，鹿豚的上部犬齿和其他普通的牙齿并没有什么区别。 但到了某个特定的时间，这对獠牙开始弯曲，跨过鹿豚的脸部，向着额头的方向继续生长。有些鹿豚的獠牙能长得非常大，有时甚至会在生长过程中再次向内穿过它们的头部！真想知道这些鹿豚会不会觉得头痛难忍？

下部犬齿则是从嘴的下方长出来的。这些獠牙的真正用途还不得而知，因为它们并不坚固，而且很容易折断，鹿豚也不会用它们进行战斗。在打斗时，鹿豚会用后足站立，并用蹄子相互搏击。

科学家认为鹿豚可能是用獠牙来证明自己的健康情况。说实话，这些牙的确非常引人注目！

314 如何运输长颈鹿？

如果想把**长颈鹿**运到其他地方，那一定要让它们在运输过程中保持站立。因为对于这些脆弱的动物来说，长时间躺着是非常不利于健康的。但人们究竟是如何把长颈鹿从非洲运到欧洲的动物园里的呢？

说实在的，运输第一批长颈鹿的过程堪称真正的壮举。就讲讲长颈鹿扎拉法（Zarafa）的故事吧。1824 年，人们在苏丹捕到了年幼的扎拉法，并把它放在骆驼的背上（！）运到了首都喀土穆，然后在那里乘船经尼罗河前往亚历山大的首都开罗。然后它被另一艘船运往法国的马赛，并于 1826 年到达马赛。至此，它已经在旅途中度过 2 年时间了！但这里并不是扎拉法旅程的终点，它还必须前往巴黎。它花了 41 天时间，在两个城市间穿行了 900 千米，终于抵达了目的地！后来，扎拉法在巴黎动物园又生活了 18 年。

后来，各个动物园不再允许人们从野外捕捉长颈鹿或其他动物，而是设立育种计划。动物宝宝们在不同的动物园出生后，有时也会搬家。这可能是因为原本生活的动物园没有足够的空间，也可能是为了和另一个动物园中的某只动物尝试繁育。

长颈鹿搬家时需要用到一个巨大的容器。这个容器足有 6 米高，长颈鹿可以在其中轻松地直立。你可以想象运输的过程有多么奇特。人们还要考虑如何顺利通过桥梁和高架桥。在运

长颈鹿的旅途

输时，长颈鹿的饲养员会陪伴着它，以免它太过紧张。你现在能在动物园里看到的长颈鹿都是在圈养的环境下出生的。

315 单峰骆驼的驼峰里到底装了什么？

单峰骆驼驼峰中最多可储存 36 千克的脂肪。如果附近没有食物或水，它们就能将这些脂肪转化为水和能量。因此它们在不吃不喝的情况下最远可以行走 150 千米。除此之外，单峰骆驼还能背负重物。难怪人们常常利用它们穿越广阔的沙漠。

不过，一旦找到了喝水的地方，单峰骆驼便会拼命饮水。它可以在 10 分钟内喝下 100 升水，这么多水足以填满一个浴缸！

除了驼峰，单峰骆驼身体的其余部分也完全适应了沙漠的环境。它们可以合上鼻孔，以防沙子进入鼻腔。它们有着浓密的眉毛和两排极长的睫毛，可以保护眼睛免受沙子和阳光的伤害。它们的腿非常适合在岩石和滑沙上行走。

5000~4500 年前，人们驯服了第一批单峰骆驼。现在大约有 1200 万头单峰骆驼，其中野生单峰骆驼大约有 100 万头，澳大利亚就有大量的野生单峰骆驼。1880 年，人们把一小群单峰骆驼运到了那里，让它们背上大量行李，利用它们穿行漫长而干旱的沙漠之路。后来，人们铺设了道路，便不再需要单峰骆驼，于是这些骆驼被留在了沙漠。虽然这里并不是它们的故乡，但它们完美地适应了当地的环境。现在，那里已经有超过 50 万头单峰骆驼了。对于原本生活在当地的动物来说，它们简直是一场瘟疫！

316 世界上人气最高的动物是什么？

2013 年，动物星球电视频道（*Animal Planet*）做了一项观众调查，询问他们最喜欢的动物是什么。排在第一名的是**老虎**，第二是狗，第三是海豚。

孟加拉虎属于世界上最大的猫科动物之列。它们还有个名字叫作**皇家孟加拉虎**。这个高贵的名字确实和它们很般配——雄性孟加拉虎有时能长到 3 米长，220 千克重。它们有一身漂亮的条纹皮毛，而且每只老虎身上的花纹都不一样。这些条纹是它们的完美伪装。

老虎是独居动物，也就是说它们平时是独自生活的。它们会用尿液标记自己的领地，以阻止任何入侵者进入。它们在夜晚捕食水牛、鹿、野猪和其他大型哺乳动物。为了捕猎，它们有时会走很远的路。它们会悄悄接近猎物，并迅速发起进攻。如果有必要，老虎能以 65 千米的时速进行冲刺。一只饥饿的老虎一晚上最多可以吃掉 40 千克的肉。

老虎咆哮并不是为了吓退攻击者，而是为了和其他老虎进行交流。你可以在 3 千米外听到老虎的吼声。

目前，大约 4000 头老虎生活在野外，其中约有三分之二属于孟加拉虎。人们为了获得老虎的毛皮、肠子和骨头而猎杀它们，并用它们身体的某些部分制作中药。到了 20 世纪，老虎的 9 个亚种中有 3 种都灭绝了。因此，老虎现在通常居住在自然保

受欢迎的动物

护区里。如果我们想继续把老虎当作最受欢迎的动物，我们就应该给予它们更多的关心和保护。

317 夜莺的粪便有用吗？

当然！在亚洲，夜莺的粪便在几个世纪以来一直被当作美容用品，人们认为它可以使皮肤变得光滑白皙。在日语中夜莺的粪便被称作 Uguisu nofan。

韩国人最开始用夜莺的粪便来漂白用于和服面料上的颜料，并通过这种方式在面料上制作出了复杂的图案。日本艺伎和歌舞伎在工作期间需要涂抹含有锌和铅的化妆品，这对他们的皮肤非常不好。因此他们使用夜莺的粪便来卸妆，让皮肤变得光滑如初。佛教僧侣用这种物质涂抹他们的头顶。

直到现在，人们仍在使用夜莺的粪便。例如，著名球星大卫·贝克汉姆和他的妻子维多利亚就非常青睐含有这种物质的美容产品，它的售价高达 150 欧元。

不过这些粪便来自哪里呢？在日本，有一种特殊的夜莺养殖场。人们用特制的饲料喂养这些鸟儿，从笼子上把它们的粪便刮干净，用紫外线杀死粪便中的细菌，再把粪便烘干并研磨成极细的白色粉末。你需要把这些粉末和水混合，制成一种糊状物，才能把它涂抹在脸上。用了这种护肤品，你的脸会变得非常细嫩，就像……婴儿的屁屁一样。

有效护肤

318 在英国，疣鼻天鹅属于谁？

好吧，或许你从来没有考虑过这个问题，不过现在你可能会好奇答案到底是什么。

英国所有的野生**疣鼻天鹅**都属于英国王室。

每年 7 月的第 3 周，英国都会以女王陛下的名义举行数疣鼻天鹅的活动。该仪式在英语中被称为“Swan Upping”，可惜这个词并没有一个特别合适的翻译。人们连续 5 天乘船前往泰晤士河捕捉天鹅统计数量并检查它们的健康状况。英国王室拥有所有开放水域的“自由”疣鼻天鹅，也就是那些没有被标记的天鹅。只有人工饲养的天鹅所生的宝宝才会被标记。

数天鹅的仪式起源于 12 世纪。在那个时候，天鹅是皇室宴会上的美味佳肴，因此这项仪式可能和食物有关。但现在人们已经不吃天鹅肉了，而且在英格兰吃天鹅甚至属于违法行为。吃天鹅的人会被罚款，甚至可能被送进监狱。天鹅是受到保护的，捕捉天鹅的行为相当于偷窃女王的财产。

这也没什么不好的，天鹅肉根本不好吃，不仅口感很硬，味道也不算好。

女王的假期

319 谁的毛最暖和？

你也喜欢在冬天穿羊毛衫吗？这是当然的啦，因为羊毛确实很温暖。如果你有一件羊毛含量100%的羊毛衫，它可能是用绵羊的毛做的。一只绵羊每年能生产3~4千克的羊毛。冬天过后，人们会剃下羊毛，并把它们纺成长线。之所以可以这样做，是因为羊毛是由角蛋白组成的，每根羊毛上面都有互相黏合的小倒钩，可以被纺成长长的、结实的毛线。

不同种类的绵羊可以产出不同的羊毛，其中最细的羊毛可能来自**美利奴绵羊**，这种羊每年最多能产出 5 千克的羊毛。

然而羊绒却不是从绵羊身上来的，而是来自**克什米尔山羊**。这种山羊原产于亚洲，目前在其他地区也有养殖；安哥拉兔毛产自**安哥拉兔**；羊驼毛是一种很细的毛，来自生活在安第斯山脉的**羊驼**；还有一种用**藏羚羊**的底绒制成的细羊毛，为了更容易地获得这些毛，捕猎者大量捕杀藏羚羊，导致这种动物一度濒临灭绝。

一直以来，羊毛都是一种珍贵的商品。1192 年，理查一世（Richard I Lionheart）被捕时，曾有僧侣用 5 万袋羊毛支付了部分赎金。直到今天，羊毛仍然有着很高的价值。想买一件漂亮的羊毛衫？那你可得花不少钱。

320 沙滩上的沙子是谁带来的?

鹦嘴鱼是一种非常漂亮的鱼。它们通常有着鲜艳的色彩，脸上似乎永远挂着微笑一样。它们的牙齿和吻部看起来像鹦鹉的喙，由此得名鹦嘴鱼。它们可以用这种特殊的吻部刮掉岩石和珊瑚上的藻类。在这个过程中，它们还会咬掉一部分珊瑚，并把一些岩石和珊瑚吞入腹中，然后把无法消化的细沙粒或沙子排出体外。

一条鹦嘴鱼一年最多可以生产 90 千克的沙子！因此，无论是海底的沙子还是沙洲，或者供人玩耍的沙滩，其中都有鹦嘴鱼的一部分功劳。

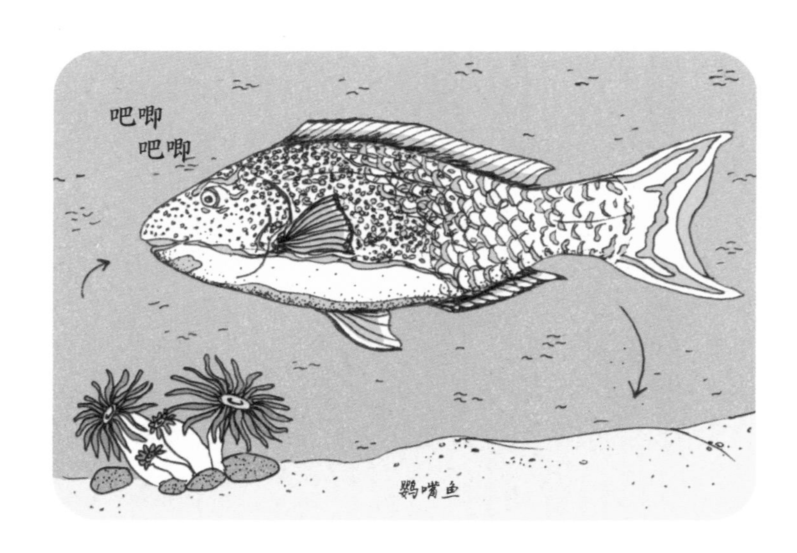

321 我也是动物吗？

你当然也是动物啦！不相信的话就拿支铅笔来，勾出下面符合**人类**的特征吧：

- ☐ 哺乳动物有骨骼。
- ☐ 哺乳动物用肺呼吸空气。包括鲸等生活在水下的哺乳动物也是如此。
- ☐ 哺乳动物是恒温动物，也就是说它们能够自己产生和调节热量，而不用依赖太阳或其他事物来保持体温。
- ☐ 哺乳动物有耳朵，虽然有些动物的耳朵不是很容易看出来。
- ☐ 哺乳动物通常是胎生动物，只有鸭嘴兽和针鼹两类哺乳动物是卵生的。
- ☐ 哺乳动物会用乳头流出的母乳喂养幼崽。产卵的哺乳动物其幼崽则会从乳腺周围的食乳区啜饮乳汁。
- ☐ 哺乳动物通常有“头发”，也就是动物的“毛发”。即便是鲸也有一点点毛发。
- ☐ 大多数哺乳动物生活在陆地上。鲸、海牛和海豹等海洋哺乳动物则生活在海洋中。唯一会飞的哺乳动物是蝙蝠。

因此，人类属于**哺乳动物**。他们非常聪明，求知欲旺盛，很容易找到应对困难的方法，因此可以生活在地球上的任何地方。哦，这点与老鼠和蟑螂是一样的。

但是人类不是会说话吗，这点是不是和动物不一样呢？呃……其实其他动物也会互相交流。例如，蜜蜂就可以交流非常复杂的信息，告诉同伴哪里可以找到最美味的花蜜。许多动物都会发出可以视为语言的声音。科学家甚至发现座头鲸会在它们的歌曲中使用语法。

到目前为止，还没有动物学会人类的语言，正如人类也没有学会动物的语言。人类和动物的发声方式之间存在着很大的区别。

但在未来，这种情况或许会有所改变。居住在印第安纳波利斯动物园的猩猩洛基（Rocky）不仅可以模仿饲养员的声音，还能学习新的声音。研究人员把这些声音称为“伍基语”（*wookies*），猩猩是不可能自发地发出这种声音的。洛基并没有学会人类的语言，它在这方面的天分不足，而且它的声道构造也不够精细。但如果你对它说伍基语，它就能够回应你。

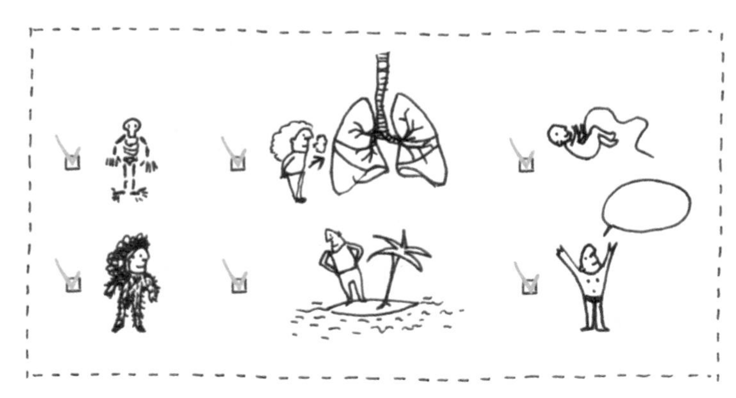

我是动物吗？

检验一下吧

本书内容涉及的知识来自各种不同的信息来源。我们参考了书籍、国内和国际的杂志和报纸，当然还参考了许多网站。我们甚至数次前往动物园近距离进行观察。

科学期刊 *EOS*、*Kijk* 杂志和 *Zo Zit Dat*，它们的杂志和网站上经常刊登关于动物的精彩文章。

互联网是一个庞大的信息源。你可以浏览一些自然协会的网站，例如：WNF.nl, Natuurpunt.be, de Zoogdierenvereniging.nl 或 de Vogelbescherming.nl。此外，你还可以在世界各地动物园的网站上找到大量关于最奇妙的动物的信息。

我们已经尽最大努力以核验本书中涉及的所有信息。当然，知识和科学总是在不断发展的。因此，书中的知识只是阶段性的知识，或许有一天它们也会被证伪。

尽管我们已经付出了大量努力以保证本书内容的正确性，但如果您发现书中存在错误信息，您可以随时拨打版权页电话告知我们。

感谢法兰德斯文学（www.flandersliterature.be）对本书出版的支持